SUPERサイエンス

分子集合体の科学

名古屋工業大学名誉教授
齋藤勝裕

C&R研究所

■本書について

● 本書は、2017年10月時点の情報をもとに執筆しています。

●本書の内容に関するお問い合わせについて

この度はC&R研究所の書籍をお買いあげいただきましてありがとうございます。本書の内容に関するお問い合わせは、「書名」「該当するページ番号」「返信先」を必ず明記の上、C&R研究所のホームページ（http://www.c-r.com/）の右上の「お問い合わせ」をクリックし、専用フォームからお送りいただくか、FAXまたは郵送で次の宛先までお送りください。お電話でのお問い合わせや本書の内容とは直接的に関係のない事柄に関するご質問にはお答えできませんので、あらかじめご了承ください。

〒950-3122　新潟市北区西名目所4083-6
株式会社C&R研究所　編集部
FAX 025-258-2801
「SUPERサイエンス 分子集合体の科学」サポート係

はじめに

物質は、分子という極小の粒子からできています。液体の水は、無数個の水の分子が集まったものです。しかし、水の分子は、1個ずつが独立して行動しているのではありません。多くの分子が集合してグループを作り、団体として行動しているのです。多くの分子は、水の分子のように集団を作ります。集団になった分子は、単独でいる時の性質とは大きく異なった性質を持ちます。かつての科学は分子を独立した粒子と考え、1個の分子の性質、反応性を明らかにして満足していました。しかし、科学が進歩すると、分子の性質は実は集団として見なければ完全には解明できないことが明らかになってきました。

本書は、このような分子集団の性質、反応性を明らかにしようというものです。つまり、分子科学の最先端の知見をご紹介するものです。分子集合体には数個の分子からなる小集合体と、数千、数万個の分子からなる大集団の2種類に分けて考えることができます。

前者は一般に超分子と呼ばれ、それは本書の姉妹書『SUPERサイエンス 分子マシン驚異の世界』でご紹介しています。本書は、分子大集団の科学をご紹介するものです。このような分子大集団としては、液晶テレビの液晶、細胞膜やDDSの分子膜、有機物からできた超伝導体、同じく有機物からできた磁性体など、現代科学の最先端の知見、技術があります。

しかし、また同時に遺伝を支配するDNA、光合成を行うクロロフィルなど生命体に固有のものもあります。つまり、生命現象の神髄は、分子集合体の知見無しには解明できないのです。

本書を読むことによって現代分子科学の最先端をお楽しみ頂ければ大変に嬉しいことと思います。

2017年10月

齋藤 勝裕

CONTENTS

CONTENTS

Chapter. 4 分子膜と細胞膜

Chapter. 5 有機超伝導体

CONTENTS

Chapter. 6
有機磁性体

Chapter. 7
核酸の働き

Chapter. 8 クロロフィルの光合成

Chapter. 1
分子集合体とは

SECTION 01

原子を繋ぐ化学結合

分子集合体と言うのは、その名前の通り、たくさんの分子が集合したものです。地球上のほとんど全ての物質は分子からできています。つまり、分子の集合体です。しかし、このような普通の物質を分子集合体と言うことはありません。分子集合体と言うからには、何か特別な性質があるからでしょう。それがどのような性質なのかを理解するためには、分子の構造や性質を理解する必要があります。

原子の構造

分子が原子から出来ている以上、まずは、原子を理解しなければなりません。本書は、基礎化学の本ではありませんので、原子の話は本題ではありません。ここでは、本書を理解するうえで必要不可欠な知識に絞って見ていくことにしましょう。

原子は、雲でできた球のような物です。雲のように見えるのは電子雲です。電子雲は電子（記号e）と言う、－1の電荷を持った粒子からできています。

電子雲の中心には、原子核という小さくて密度の大きい粒子があります。原子核は陽子（記号p）と中性子（n）という2種類の粒子からできています。陽子と中性子の重さは、ほぼ同じですが、電荷は大きく異なります。つまり、陽子は＋1の電荷を持ちますが、中性子は電荷を持ちません。

原子（原子核）が持つ陽子の個数をその原子の原子番号（記号Z）と言います。また、陽子と中性子の個数の和を質量数（記号A）と言います。原子は原子番号と同じ個数の電子を持ちます。そのため、原子では原子核の電荷（＋N）と電子雲の電荷

●原子の構造

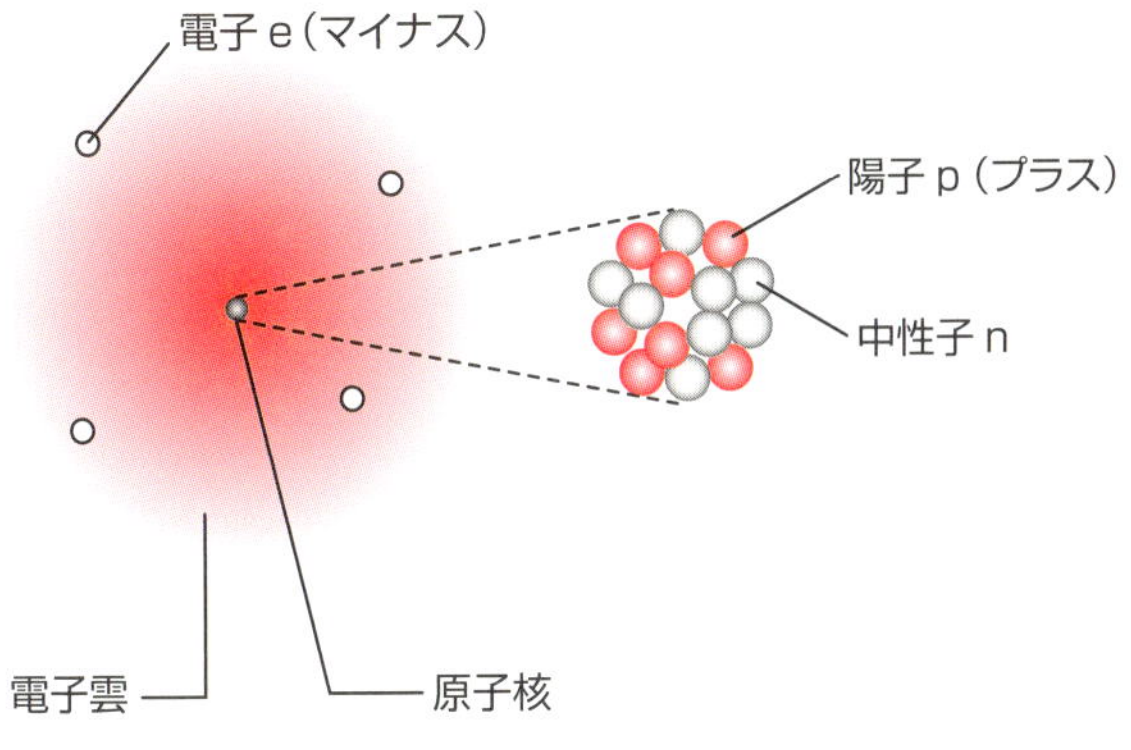

(－Z)が釣り合うので、原子は全体として電気的に中性となります。

原子の性質

原子の性質にはいろいろと重要なものがありますが、ここでは本書に取って必要なものだけを見ることにしましょう。

❶イオン化

原子は電子雲の電子を放出して、その個数を少なくしたり、他から電子を貰って多くしたりすることがあります。

原子Aが電子を1個放出すると、原子核の＋電荷が電子雲の－電荷より1だけ大きくなります。この

●原子番号と質量数

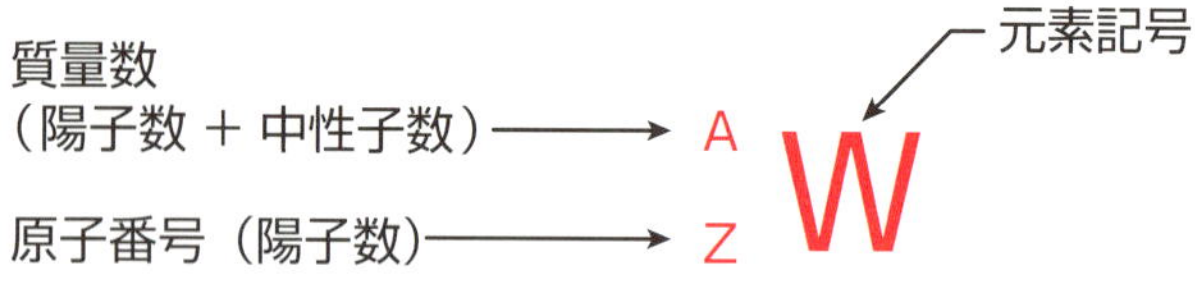

$$A - e^- \longrightarrow A^+ \quad \text{or} \quad A \longrightarrow A^+ + e^-$$

$$A + e^- \longrightarrow A^-$$

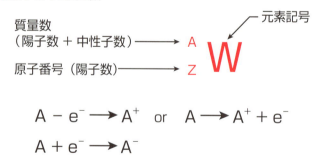

ような状態を陽イオンと言い、A^+で表します。反対にAが電子1個を受け入れると電子雲の－電荷が1だけ大きくなります。この状態をA^-で表し、陰イオンと言います。

❷電気陰性度

原子には、電子を受け入れて陰イオンになる傾向があります。しかし、この傾向は大きい原子もあれば、小さい原子もあります。原子が電子を受け入れる傾向を電気陰性度という指標で表します。電気陰性度の数値が大きいほど、電子を受け入れる性質が強い、すなわち－に荷電しやすいことを表します。

図は代表的な原子の電気陰性度を表したものです。周期表の18族、つまり希ガス元素はイオンにならないので、電気陰性度は定義されていません。図を見るとわかる通り、電気陰性度は周期表の右上で大きく、左下で小さく

●電気陰性度

H 2.1							He
Li 1.0	Be 1.5	B 2.0	C 2.5	N 3.0	O 3.5	F 4.0	Ne
Na 0.9	Mg 1.2	Al 1.5	Si 1.8	P 2.1	S 2.5	Cl 3.0	Ar
K 0.8	Ca 1.0	Ga 1.3	Ge 1.8	As 2.0	Se 2.4	Br 2.8	Kr

なっています。これは簡単なことですが、原子や分子の性質、反応性を考えたり、予想するうえで非常に有用で便利なことです。

化学結合

原子と原子が結びつくことを化学結合あるいは単に結合と言います。結合の種類はたくさんあります。それを簡単な表で示しました。

❶結合の種類

結合は大きく2つに分けることができます。原子間の結合と分子間の結合です。

●結合の種類

	結合名			例
原子間結合	イオン結合			NaCl、$MgCl_2$
	金属結合			鉄、金、銀
	共有結合	σ結合	一重結合	水素、メタン(CH_4)
		π結合	二重結合	酵素、エチレン($H_2C{=}CH_2$)
			三重結合	窒素、アセチレン($HC{\equiv}CH$)
	配位結合			アンモニウムイオン
分子間結合	水素結合			水、安息香酸
	ファンデルワールス力			ヘリウム、ベンゼン
	ππスタッキング			シクロファン
	電荷移動相互作用			電荷移動錯体
	疎水性相互作用			界面活性剤

分子間の結合は本書の本題に迫るものなので次項で詳しく見ることにして、ここでは原子間の結合を見ることにしましょう。

原子間の結合にはイオン結合、金属結合、共有結合があります。本書で重要なのは共有結合ですのでそれを中心に見ることにしましょう。

❷共有結合

共有結合は、結合する2個の原子A、Bが互いに1個ずつの電子を出し合い、これを共有することによって成り立つ結合です。この2個の電子を結合電子(対)と言います。

共有結合の様子を模式的に表しました。結合電子対の作る電子雲は、主に結合する両原子の原子核の間の領域に存在します。原子核は＋に荷電し、電子雲は－

●共有結合の様子

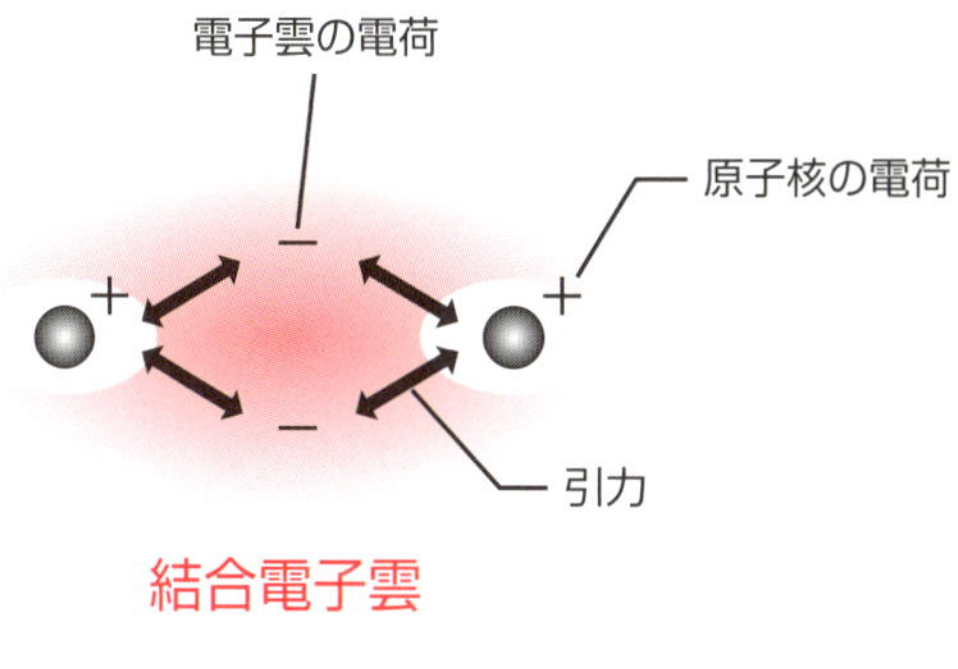

に荷電していますから、両原子核は結合電子雲をまるで糊のようにして結合することになります。

❸多重結合

このような結合1本でできた結合を一重結合、2本でできた結合を二重結合、3本でできたものを三重結合と言います。もちろんすべて共有結合です。それ以上の結合は存在しません。

また、一重結合と二重結合が交互に連続した結合全体を共役二重結合と言います。ベンゼンを構成する結合が典型です。共役二重結合は特殊な性質、反応性を持ちますが、それは必要なときに説明することにしましょう。

共有結合の電気的性質

イオン結合、金属結合は、イオンや金属イオンが関与した電

●共役二重結合

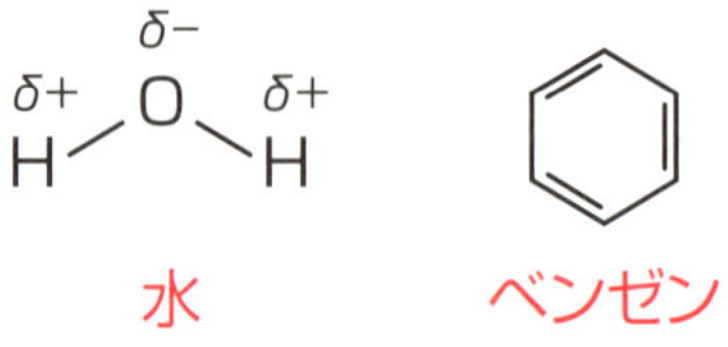

気的な結合です。それに対して共有結合は電気的に中性な結合と言われます。しかしそれは、高校の教科書的な説明であり、実際の共有結合は、その様なものではありません。

水H_2Oの構造はH－O－Hですが、この共有結合H－Oを見てみましょう。H－Oの間には2個の結合電子雲が存在します。そして、HとOの電気陰性度を見るとHが2・1、Oが3・5です。Oの方が大きいです。ということは、結合電子はOの方に引かれているということを意味します。

この結果、Hは電子雲が少なくなって幾分＋に、反対にOは電子雲が多くなるので幾分－に荷電します。このような電荷を部分電荷と呼び、それぞれδ＋、δ－で表します。δはギリシア文字のΔ（デルタ）の小文字です。

共有結合にこのように＋、－の電荷が現れることを結合分極と言います。そして、水のように結合分極を持つ分子を極性分子あるいはイオン性分子と呼びます。

SECTION 02

分子を繋ぐ分子間力

原子を結合する力である化学結合と同様に、分子を結合する力もあります。ただし分子間に働く力(引力)は原子間に働く力の$\frac{1}{10}$以下と小さいため、一般に結合と言わず、分子間力と言います。分子間力にもいろいろの種類がありますが、主なものを見てみましょう。

水素結合

前の項目で水のO—H結合が分極していることを見ました。この結果、2個の水分子が近寄ると、片方の分子のHともう片方の分子のOの間で電荷の+、-による静電引力が発生します。この引力による結合O—H…Oを一般に水素結合と言います。水素結合は、分子間力の中では最も強力なものですが、それでも共有結合の$\frac{1}{10}$以下の力しかありません。

一般にHより電気陰性度の大きい原子XとHが結合するとO-Hと同じように結合分極が発生します。その結果、水の場合と同じようにX-H…Xの引力が発生します。このように、+に荷電したHを仲立ちとする結合を一般に水素結合と言います。

ファンデルワールス力

水のような極性を持つ分子だけでなく、非極性な分子、原子の間にも引力が発生します。その様なものとしてよく知られたものにファンデルワールス力があります。ファンデルワールス力は三種の引力による総合力ですが、中心的なのは分散力と言われるものです。

原子は+に荷電した原子核を-に荷電した電子雲が覆ったものです。原子核が電子雲の真ん中にあるときは、原子はどこから

●水素結合

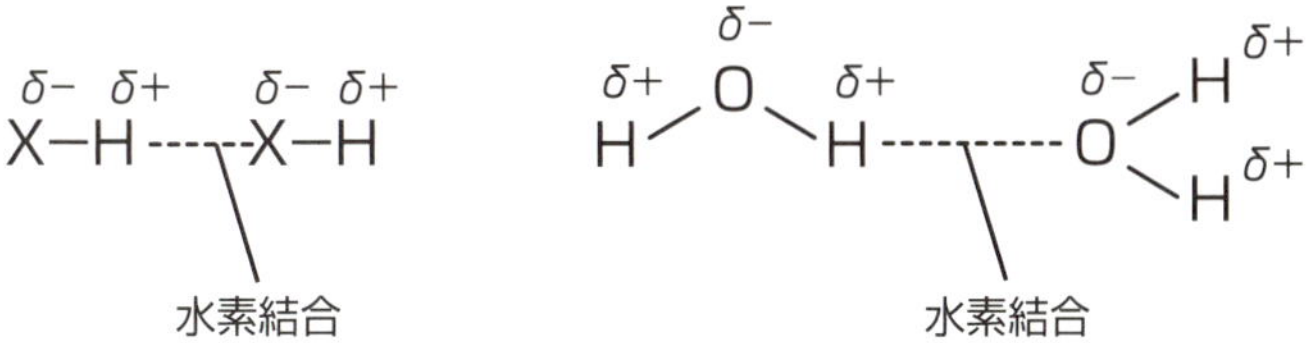

見ても電気的に中性でしょう。

しかし、電子雲はまるで雲のように揺らぎます。その結果、電子雲の中心と原子核の位置がずれたら、原子にも＋の部分と－の部分が生じます。すると、その隣にいる原子の電子雲が影響を受けて位置を移動します。その結果、両原子の間で、＋と－の間に一時的な静電引力が発生します。

この引力はまるで泡のように現われては消えるものですが、原子集団全体としては常に発生している引力となります。これが分散力です。

疎水性相互作用

分子には砂糖のように水に溶ける親水性分子と、油のように水に溶けない疎水性分子があります。疎水性分子を無

●ファンデルワールス力

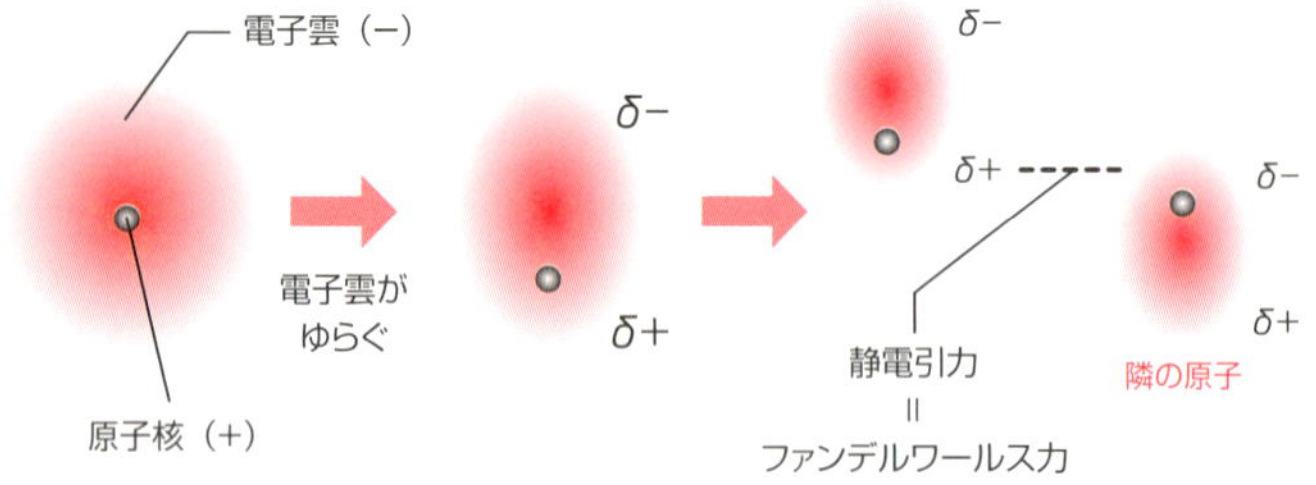

理に水の中に入れると分子は集団状態を維持します。これは、もし、1分子ずつバラバラになったら、全ての分子が〝嫌な〟水分子と接することになるからです。集団状態で居れば、外側の分子は犠牲になりますが、内部の分子は守られます。

これは満員電車でのおしくらまんじゅう状態のようなものです。この集団を、互いの間に引力が働いて集団になったのだと考えて、このいわば「仮想的な力」を疎水性相互作用と呼びます。

●疎水性相互作用

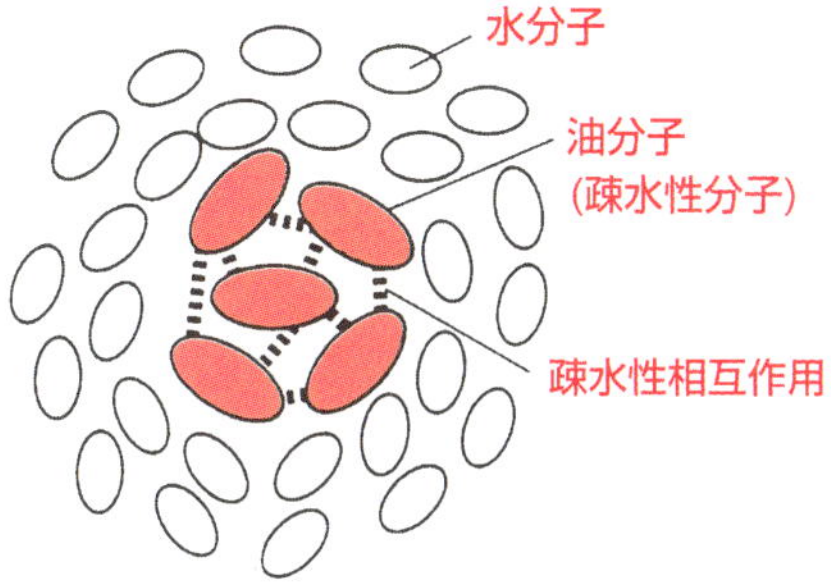

ππスタッキング

前項では、二重結合は2本の共有結合からできた結合だと説明しました。確かに2本の共有結合からできていますが、その2本は互いに異なる結合なのです。1本はσ(シグマ)結合であり、もう1本はπ(パイ)結合です。

σ結合はσ電子雲という結合電子からなり、π結合はπ電子雲という結合電子からできています。π電子雲はいわば軟らかい電子雲であり、変形しやすく、広がりやすいです。この傾向は共役二重結合で特に顕著に現れます。

ベンゼンは環状化合物であり、環全体に共役二重結合が広がっています。このようなとき、π電子雲も環全体にまるでドーナツのように広がります。

C−H結合ではHの電気陰性度が小さいです。ということは、ベンゼンでは、環の外側のH部分は＋に荷電し、内側の炭素環部分は、CがHから引き寄せた電子と、π電子によって－に荷電していることになります。

このようなベンゼン分子が2個近づいたら、互いの＋部分と－部分の間に静電引力が働きます。この

●ベンゼン

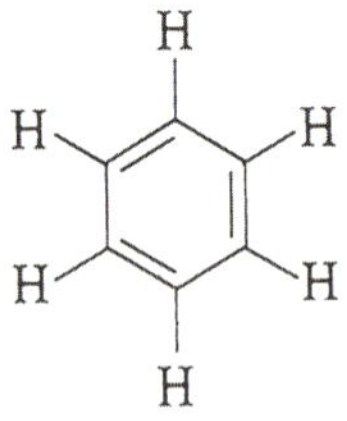

ベンゼン

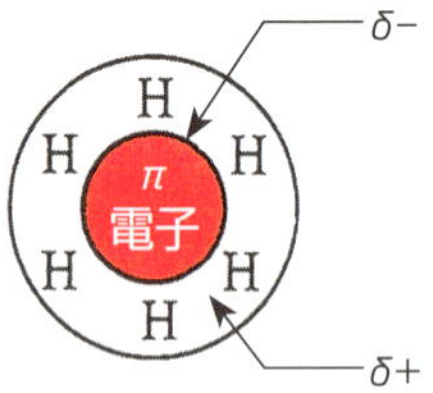

ような引力をππスタッキングと呼びます。この力には図に示したように、2個のベンゼン環が位置をずらして平行に重なった場合と、互いに直交するように近づいた場合に特に有効に働きます。後者を特にT型スタッキングと呼びます。ベンゼンの結晶では、ベンゼンはT型スタッキングで積み重なっています。

配位結合

共有結合は結合する2個の原子の間に2個の結合電子があることによって成立します。共有結合では、この電子は結合する原子が1個ずつ平等に供出しました。

しかし、片方が2個出せば、もう片方は出さなくても結合は成立します。このような結合を配位結合と言います。このとき供出される2個の電子を非共有電子対、受

●ππスタッキング

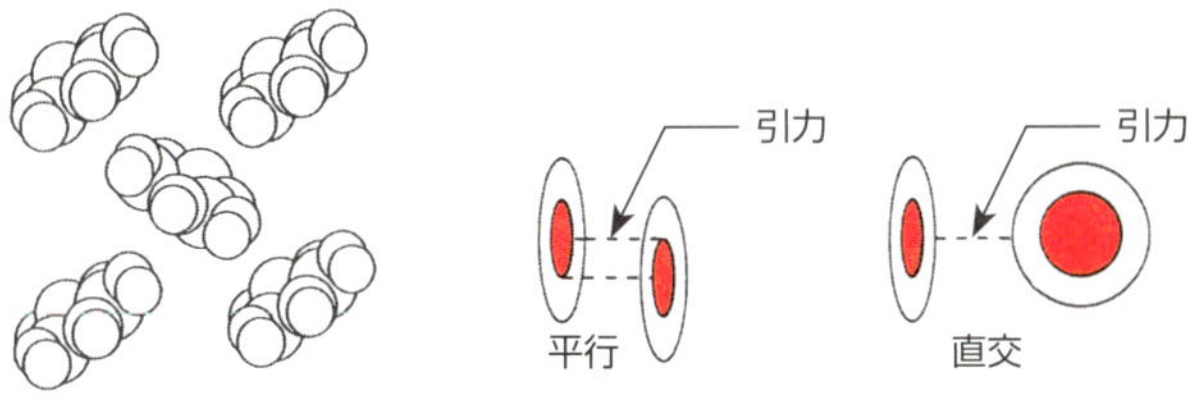

ベンゼンの結晶　　T型スタッキング

け取る側を空軌道と言います。つまり、配位結合は非共有電子対を持つ原子(分子)と、空軌道を持つ原子(分子)の間にできる結合なのです。

しかし、電子は全て同じです。したがって、配位結合はできる過程は共有結合と異なりますが、できてしまえば共有結合と同じということになります。

●配位結合

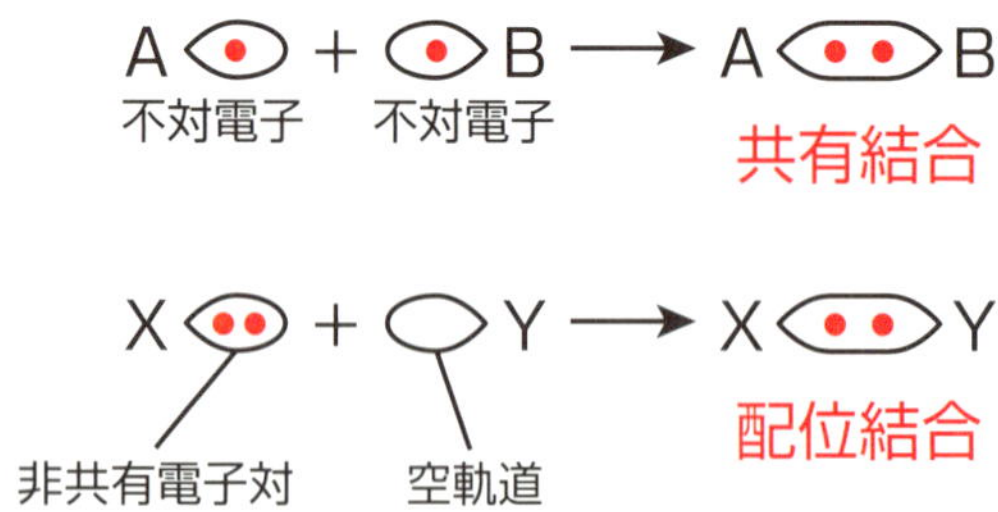

SECTION 03 物質の三態

水は低温では結晶の氷であり、室温では液体になり、高温では気体の水蒸気になります。このような固体、液体、気体などを物質の状態と言います。状態にはいろいろありますが、結晶、液体、気体は基本的な状態なので、特に物質の三態と言います。

結晶

結晶では分子は決まった位置に決まった方向を向いて、三次元に渡って整然と積み重なっています。これを位置の規則性と配向の規則性がある状態と言います。

●三態の位置と配向の規則性

状態		結晶	液体	気体
規則性	位置	○	×	×
	配向	○	×	×
配列模式図		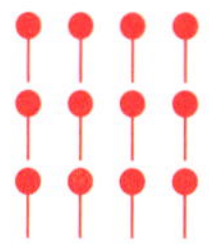	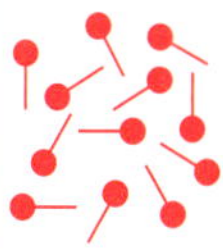	

❶分子間力

結晶状態では、各分子は分子間力によって緊密に引きつけあっています。そのため、結晶状態を壊すには、それなりのエネルギーが必要になります。これが融解熱ということになります

結晶においては、分子は位置を移動する(動く)ことはありません。しかし、振動と回転は行います。それは温度が上がるにつれて激しくなります。絶対0度、0K(ケルビン)では物質の運動は無くなるはずなのですが、それでも超流動という現象が起こることが知られています。

❷単結晶・多結晶

1個の結晶を単結晶と言います。ダイヤモンドはどのように大きくても1個の結晶であり、単結晶です。それに対して固体金属も結晶ですが、単結晶ではありません。無数の小さい単結晶が集まったものです。このような物を多結晶と言います。

液体

液体では分子は位置の規則性も配向の規則性も失います。代わりに流動性を獲得します。流動性の激しさは温度に比例します。しかし、分子間の距離は結晶状態とあまり変わりません。そのため、一般に結晶と液体では密度に大きな違いはありません。

液体状態では、分子は互いに分子間力で引きつけあっています。しかし、液体表面にいる分子の中には、この引力を振り切って空中に飛び出す分子もあります。このような分子もまたしばらくすると、液体に戻ってきます。普通の状態では、飛び出す分子の個数と戻ってくる分子の個数は釣り合っています。このような状態を一般に平衡状態と言います。

●平衡状態

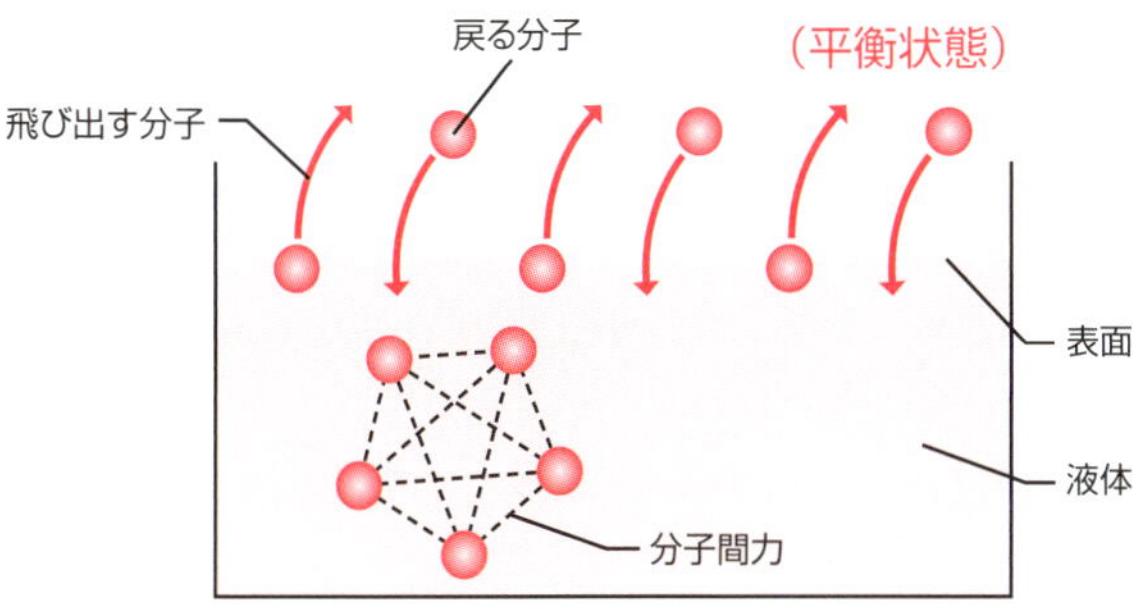

気体

気体では、分子は激しく飛び回っています。その速度は温度(絶対温度)の平方根に比例し、分子の重さ(分子量)の平方根に反比例します。室温での酸素分子の飛行速度は時速1700㎞にもなります。この気体分子が物体に衝突する力が圧力なのです。

気体を風船に入れると、気体分子は風船の壁(ゴム)に衝突して風船を膨らませます。しかし、風船の外側では空気分子が衝突して風船を縮ませようとします。この両者の力が釣り合った時の風船の体積を気体の体積と言います。したがって、気体の体積は、ほとんど全てが真空の体積であり、気体分子の

●風船の体積

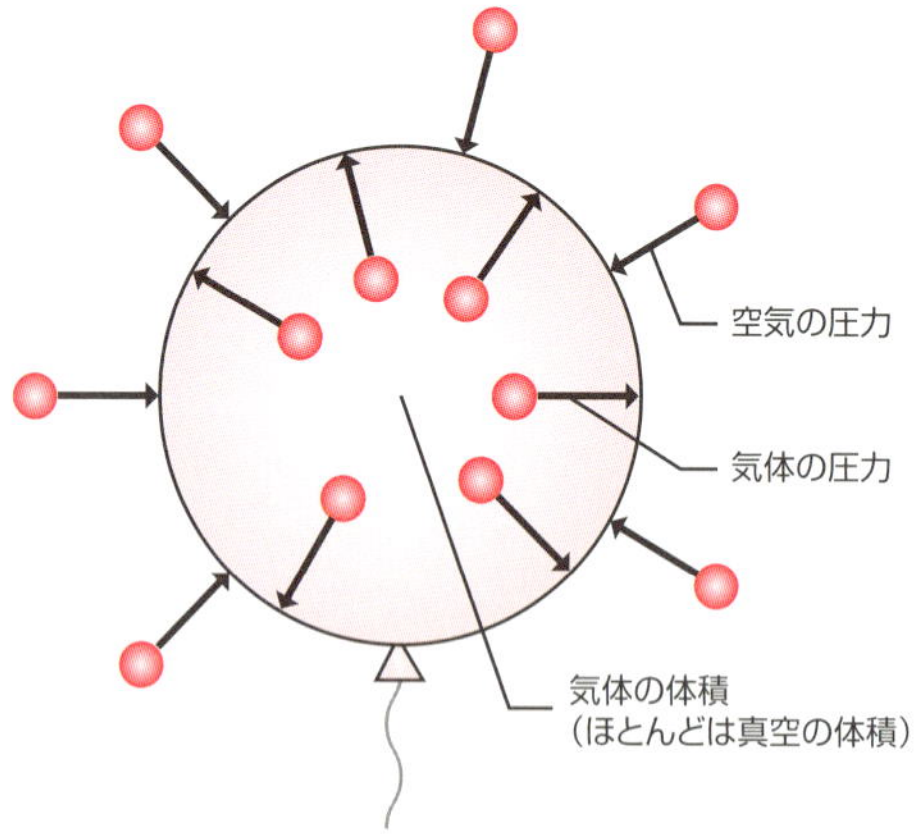

実体積は、わずかしかありません。18㎖(18g、1モル)の水は、気体になると0℃、1気圧で22400㎖になります。水分子の体積は無視できるほどです。

このことから「全ての気体の体積は標準状態で22・4L」であるというよく知られた標題が出てきます。つまり、気体を構成する分子の種類は気体の体積に影響しません。無視されるのです。

状態変化

結晶を加熱すると液体になり、液体を加熱すると気体になります。このような変化を状態変化と言います。状態変化には固有の名前が付けられており、その変化が起こる温度にも固有の名前が付けられています。

状態変化は温度と圧力に依存します。温度と圧力が適当であれば、結晶は液体状態

●状態変化

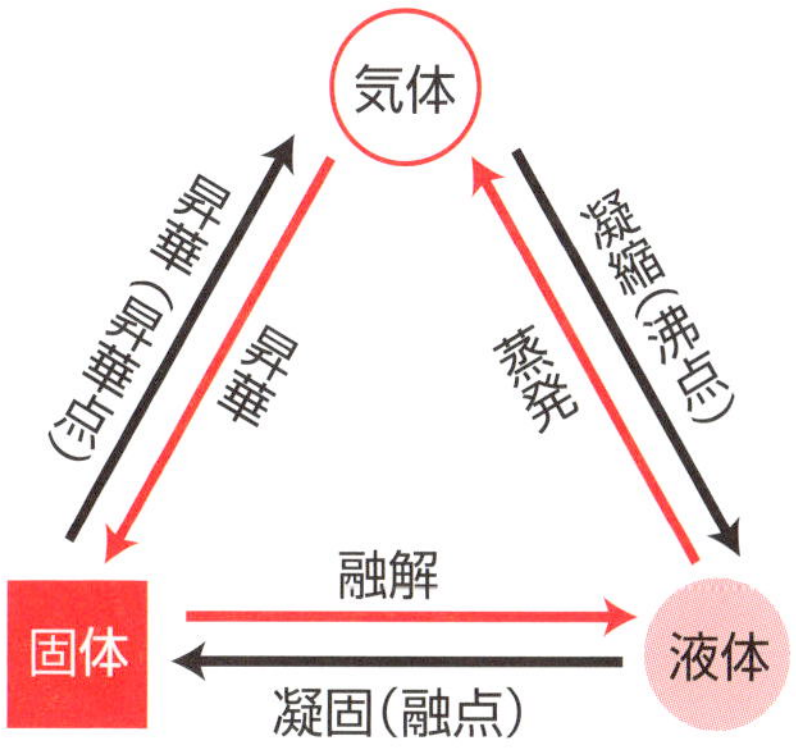

を通ることなく、直接気体になります。このような変化を昇華と言います。二酸化炭素の固体であるドライアイスが良い例です。

水は温度0・01℃以下、気圧0・06気圧以下で昇華します。つまり、加熱沸騰することなく水を除くことができるのです。これを利用したのがフリーズドライです。

●フリーズドライ

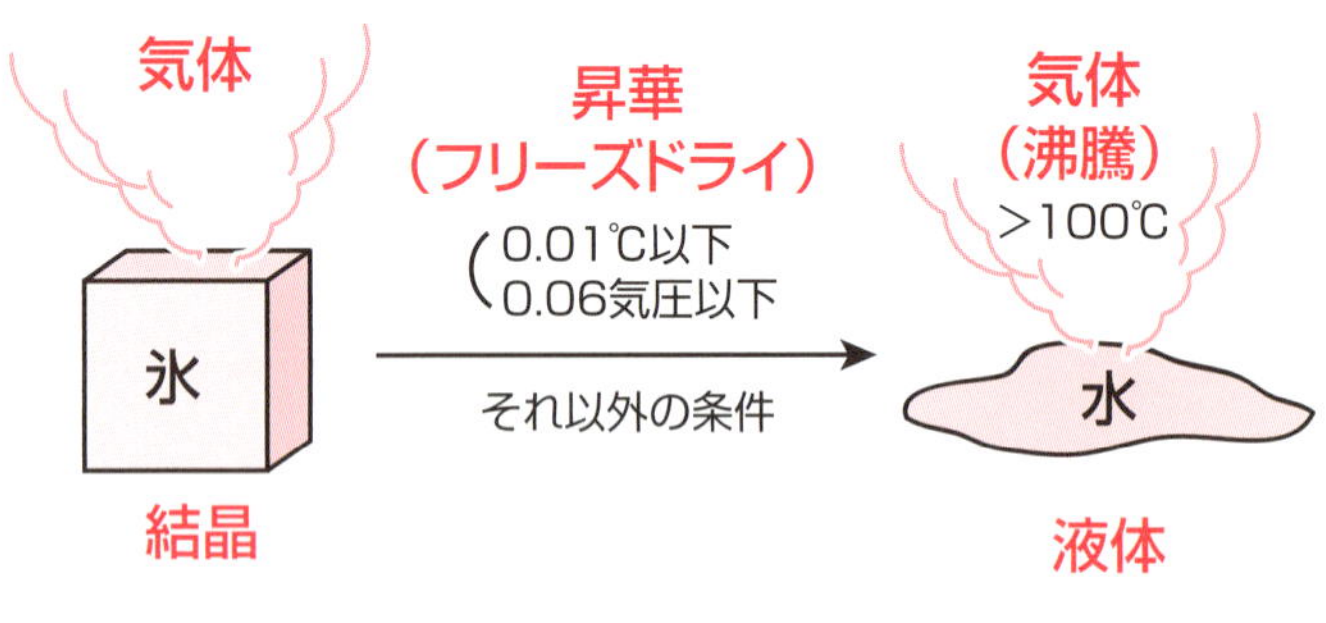

SECTION 04

三態以外の状態

物質の状態のうち、代表的なものを「物質の三態」と解説しました。ということは、三態以外の状態もあるということです。一体どのような状態なのでしょうか？

結晶と液体の間

下の図は先に見た、三態の図に似ています。しかし、よく見ると違います。左端の図1は結晶の配置図であり、右端の図4は液体の配置図ですから、この2つは先に見たものと同じです。しかし、それに挟まれた2つの図2、3は違います。

●配列模式図

状態		結晶	液晶	柔軟性結晶	液体
規則性	位置	○	×	○	×
	配向	○	○	×	×
配列模式図		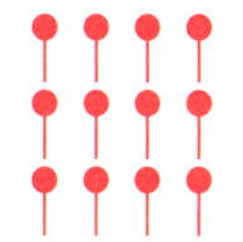		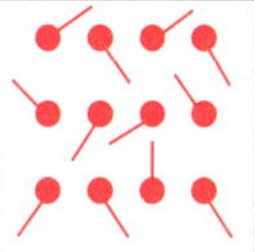	
		図1	図2	図3	図4

結晶は①位置と②配向の規則性を両方とも持っています。それに対して液体は両方とも失っています。ということは、その中間として①、②のどちらか一方だけを持っている状態があってもよいことになります。図2、3はその様な状態を表しています。

液晶

図2では分子は①位置の規則性は失っていますが②配向の規則性は保っています。つまり、分子は自由に移動するものの、分子の方向だけは保っているのです。すなわち、同じ方向を向いて動いているのです。これは、小川のメダカに例えるとわかりやすいでしょう。メダカは泳ぐ力が弱いので、水に流されないように常に上流を向きながら、それでもエサを求めて動いています。

これが液晶なのです。すなわち、みなさんのケータイや液晶テレビのモニターに入っているのは、このような状態の分子なのです。液晶については後の章で詳しく見ますので、ここではこの程度にしておきます。

柔軟性結晶

図3では、分子は①位置の規則性は保っていますが、②配向の規則性を失っています。つまり分子は重心を一定の位置に置いたまま、回転をしているのです。中世のヨーロッパの家の屋根に取り付けられた風見鶏を思い出してはいかがでしょうか？

四塩化炭素やシクロヘキサンの結晶がこれに相当します。C_{60}フラーレンの結晶もこれの仲間と考えて良いでしょう。

液晶は液晶モニターとしての素晴らしい用途があり、現代社会の花形のようにもてはやされています。しかし、残念ながら柔軟性結晶の使い道は定まっていないようです。新型リチウム電池の電極に使う研究が動いているようですが、実用化はもう少し先かもしれません。

状態と温度

言うまでもないことですが、結晶、液体や気体等の三態、液晶や柔軟性結晶にしろ、全ては「状態」です。状態ということは、温度によって他の状態に変化すると言うことです。

　図は液晶状態をとることのできる特殊な分子（液晶分子）の温度を変えた時の状態の変化を表したものです。低温では「結晶状態」です。加熱すると融点で融けて液体のような流動性がでますが、透明ではありません。この状態を「液晶状態」と言うのです。

　さらに加熱すると透明点で透明になって「液体状態」になります。そしてさらに加熱すると沸点で気体になるか、場合によって熱分解してしまいます。

　これは柔軟性結晶でも同じです。つまり、ケータイを冷却しすぎると、液晶が結晶になって、モニター機能が失われます。暖め過ぎても同じです。室温に戻したら機能を回復するでしょうが、保障の限りではありません。

●液晶分子の状態の変化

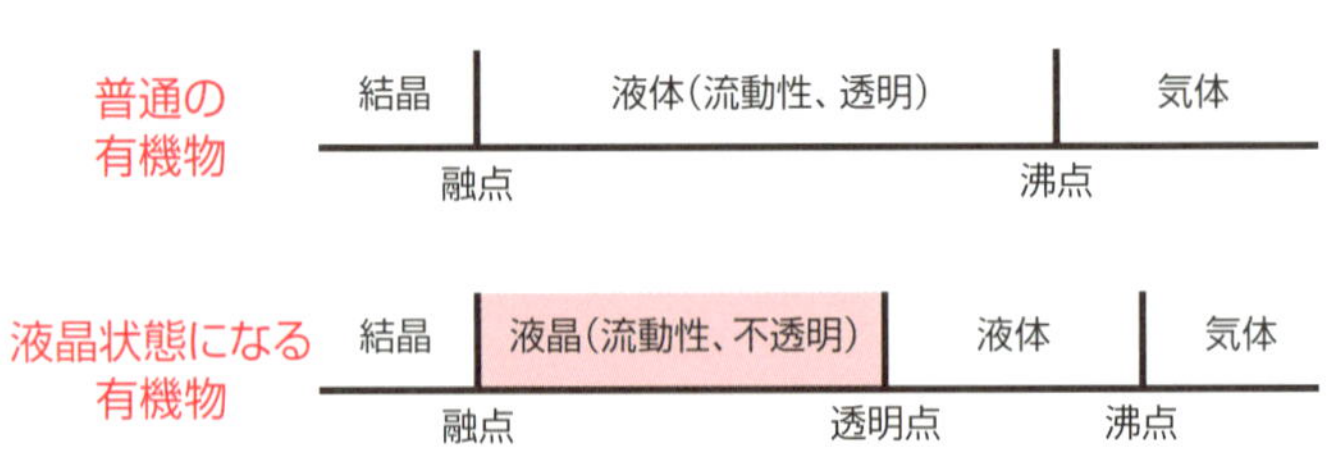

固体の液体

一般常識では、ガラスは固体ですが、ガラスは液体だと言う人もいます。ガラスとはなんでしょうか?

ガラスの主成分は、二酸化ケイ素SiO_2です。SiO_2の結晶は石英、水晶です。水晶を融点の1650℃ほどに加熱すると融けてドロドロの液体になります。ところがこの液体を冷やしても水晶には決してなりません。ガラスになります。

アモルファス

それではガラスと水晶では何が違うのでしょうか?

図は結晶とガラスを模式的に表したものです。結晶では粒子が三次元に渡って整然と積み重なっています。そ

●結晶とガラス

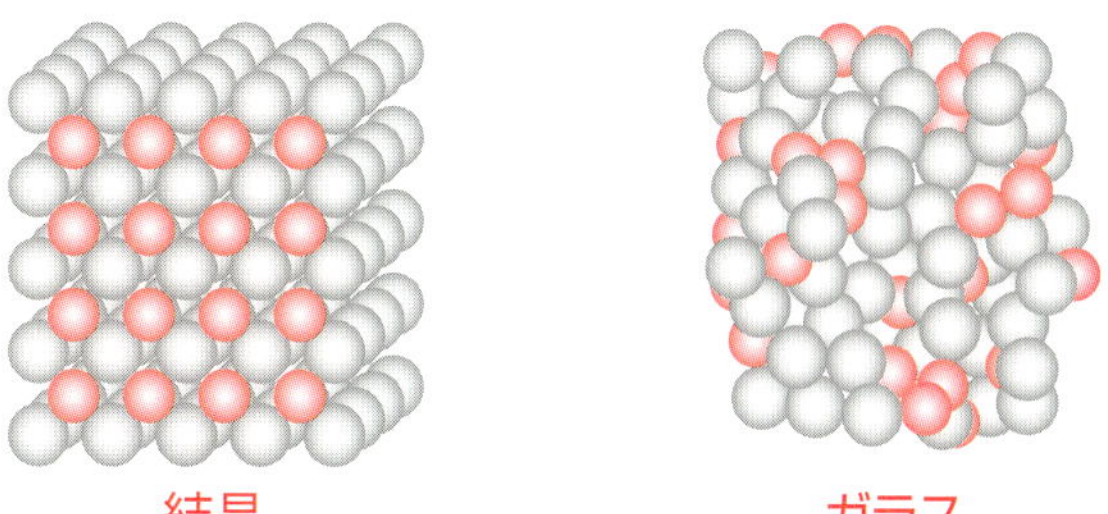

結晶

ガラス（アモルファス）

れに対してガラスにはこのような規則性はありません。全くの無秩序状態です。これは液体の状態ではないでしょうか。

しかし、ガラスに液体のような流動性はありません。つまり、ガラスは液体のような配列状態でありながら、流動性を失った状態なのです。このような状態を一般にアモルファス、非晶質固体と言います。珍しい状態ではありません。プラスチックの固体はこの状態です。

アモルファスの生成

水を考えてみましょう。水の分子は動きが素早く、小学生の子供たちのようなものです。授業中は椅子に腰かけて大人しくしています。これが結晶状態です。しかし、チャイムが鳴って休憩時間になると勝手に動きまわります。これが液体状態です。次に授業開始のチャイムが鳴ると子供たちはサッと椅子に戻って元の結晶状態に戻ります。これが普通の物質です。

ところが二酸化ケイ素の分子は気の毒なことに、ノロマさんです。授業開始のチャイムが鳴っても、なかなか椅子に戻ることができません。ノロノロしている間に温度が下がって動けなくなります。この状態がアモルファスです。

アモルファスの用途

アモルファスで現在注目されているのは金属のアモルファス状態、アモルファス金属です。先に見たように、全ての固体金属は結晶です。無数の小さな結晶が集まった多結晶なのです。この状態では、結晶と結晶の間で破壊が生じやすくなります。また、結晶の中でたまたま粒子が欠けていたりするとそこから破壊が生じます。また、電磁波が侵入すると、結晶の境界面で反射されます。

このように、結晶には特有の問題点があります。しかし、アモルファスではこのような問題点は消失します。その結果、アモルファス金属は機械的強度、耐熱性、耐薬品性に強いだけでなく、磁性が現われるなど、結晶性の金属とは違った優れた性質が表れてきます。

これは、生産量が少なくて困っているレアメタルの代替え品になる可能性を示すものです。

ところが、金属の原子は、融点になったらサッと結晶になってしまいます。この原子を結晶に戻らないうちに冷やしてしまうには、強力な冷却が必要です。液体の金属に液体窒素をかけても急冷されるのは表面だけです。ということで、以前のアモルファス金属は粉末や薄いフィルムだけでしたが、最近は、ある種の合金を用いてバルク（塊）のアモルファス金属が作れるようになりました。実用化されるのも近いことでしょう。

Chapter. 2
水の分子集合体

SECTION 05
水の状態

私たちが経験する日常的な条件下で物質の三態を典型的に示す物質、それは水です。それだけに水の状態変化はよく研究されています。その主なものを見てみましょう。

水の分子間力

節分の豆を一握り分、テーブルの上に積んで山にしてみましょう。山はすぐに崩れて豆は一層に広がって、何粒かはテーブルから落ちるでしょう。

テーブルに水を一滴落としてみましょう。水は直径1〜2㎝の円になって広がるでしょう。厚さは1㎜もあるでしょうか。原子の直径は10^{-10} mのオーダーです。水分子の厚さもその程度でしょう。1㎜は10^{-3} mです。ということは、厚さ1㎜の水滴の中には水分子が10^{7}個、すなわち1000万個も重なっているのです。

豆は崩れて1層になるのに、なぜ水分子は1000万層のまま、崩れないのでしょうか？　もちろん水分子にも重さはあります。重力は分子にも豆と同じようにかかります。

水分子が崩れないのは、水分子が互いにスクラムを組んで、落ちたり崩れたりしないように頑張っているからなのです。このスクラムに相当するのが分子間力という引力、水分子の場合なら水素結合になるのです。

水の集合状態

このように、分子が分子間力で互いに引き合って作る分子集団を一般にクラスター、会合体と言います。

❶ 氷の単結晶

水分子がその分子間力、すなわち水素結合で引き合って作った最高の集団、それは水の単結晶である氷です。

図は氷の単結晶X線解析図です。ステレオ図になっています。平行法、すなわち、遠方を見る目つきで見てください。両図が重なって立体的な図が浮かび上がるはずです。○が酸素原子、●が水素原子です。○と○の間に●が2個あるのは、水素原子がこの間を伸縮振動しているということです。

これでわかるように、水の結晶すなわち氷では、全ての水分子は一糸の乱れも無い状態で積み重なり、互いに緊密な水素結合で結合しているのです。

❷ 水のクラスター

水分子が水素結合で結合していることは液体状態でも同じです。もちろん、液体状態では全て

●氷の単結晶X線解析図

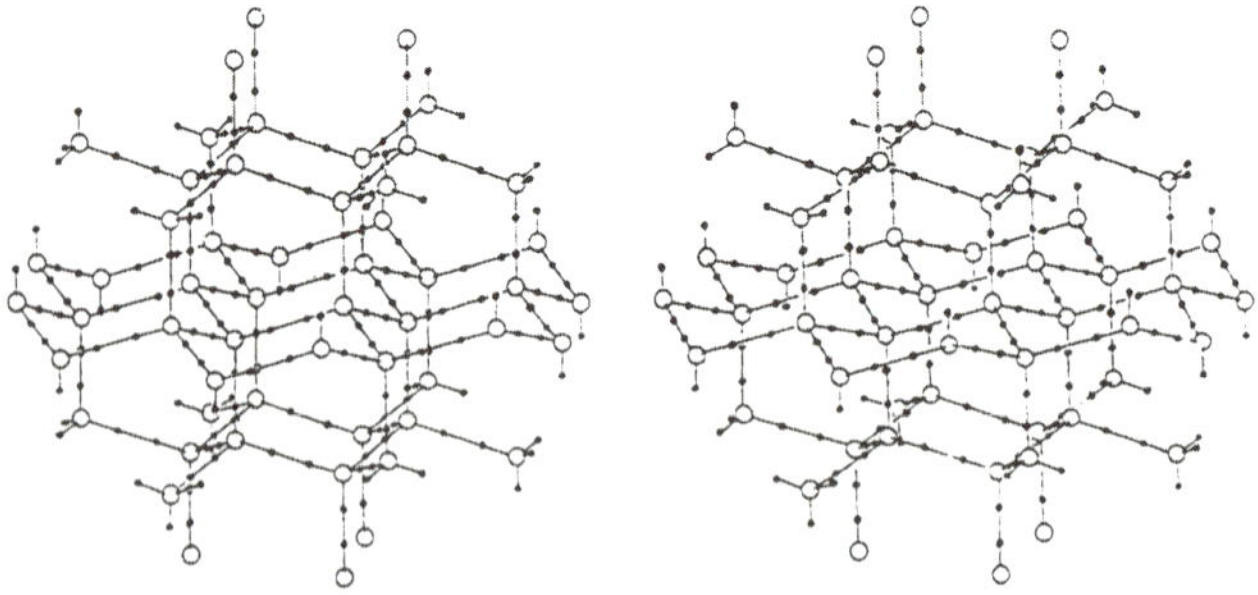

※笹田義男、大橋裕二、斎藤喜彦編、結晶の分子科学入門, P.100, 図3.19, 講談社(1989)

の水分子が1個の単結晶に固まるのではなく、適当な小さな集団に留まっています。つまり、液体の水は水分子の集まりであると同時に、水分子が作るクラスターの集まりでもあるのです。

クラスターを作るのは水分子だけではありません。分子間力が働く分子、つまり全ての分子がクラスターを作ります。中でも強い分子間力である水素結合が働く分子は強固なクラスターを作ります。

アルコール、エタノールCH_3CH_2OHは、水と同じようにOH原子団を持ちます。つまり、分極したO－H結合を持ち、強固な水素結合によって強固なクラスターを作ります。

水とアルコールを混ぜてみましょう。一見したところ簡単に混じるように見えます。しかし、内

●クラスター（会合対）

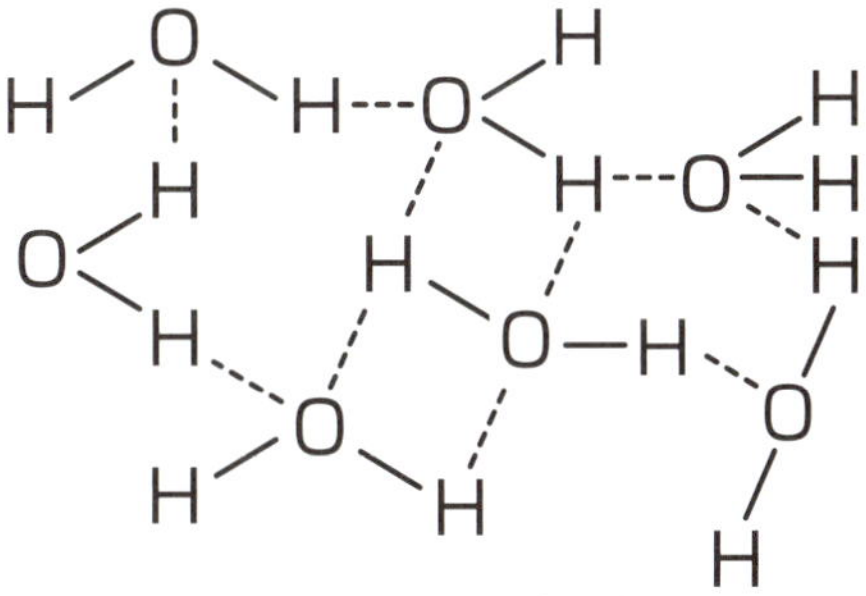

クラスター（会合対）

部を微細に、分子レベルでみたら、決して混じってはいないのです。均一に混じってはいません。水のクラスターとエタノールのクラスターが混じっているだけです。

話は変わりますが、若い酒は味がとげとげしくてまろやかさがありません。この酒を樽に入れて5年、10年と寝かせると、クラスター同士の間に折り合いがつき、クラスターが小さくなり、水とエタノールの親密さが増してきます。これが年代物の酒ということになるのです

水の沸点

図は炭化水素C_nH_{2n+2}の分子量と沸点の関係を表したものです。横軸は分子量、縦軸は沸点です。分

●水とアルコールのクラスター

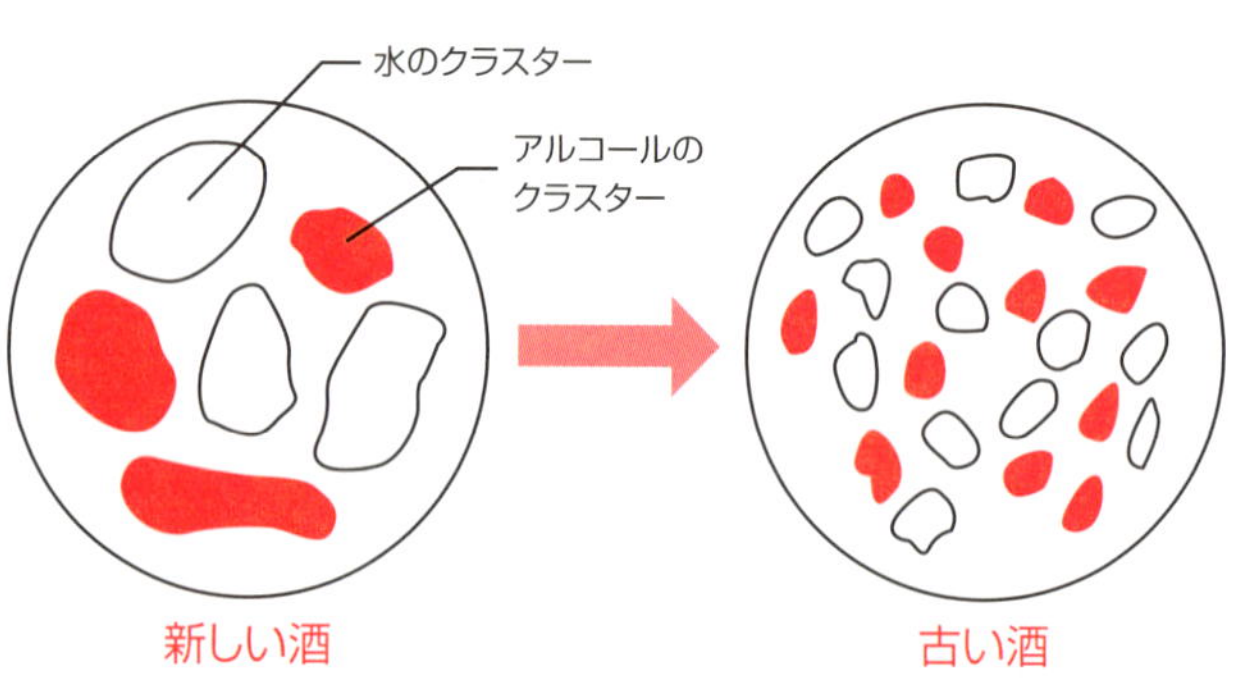

子量の増加とともに沸点が上昇していることがよくわかります。つまり、重い分子は飛び上がり難いということです。

ところが、この図に水（分子量18、沸点100℃）を記入して見ます。とんでもない所に点が来ることがわかります。炭化水素の線とは似ても似つかない所にあります。この点を分子量に外挿すると、水の分子量は100程度になることがわかります。

つまり、水分子は沸騰状態でも水素結合で結合して、分子量100程度になっていることを示すのです。これは、5分子会合を示します。ということは、普通の水では、もっとたくさんの水分子が会合していることを示します。

●炭化水素の分子量と沸点の関係

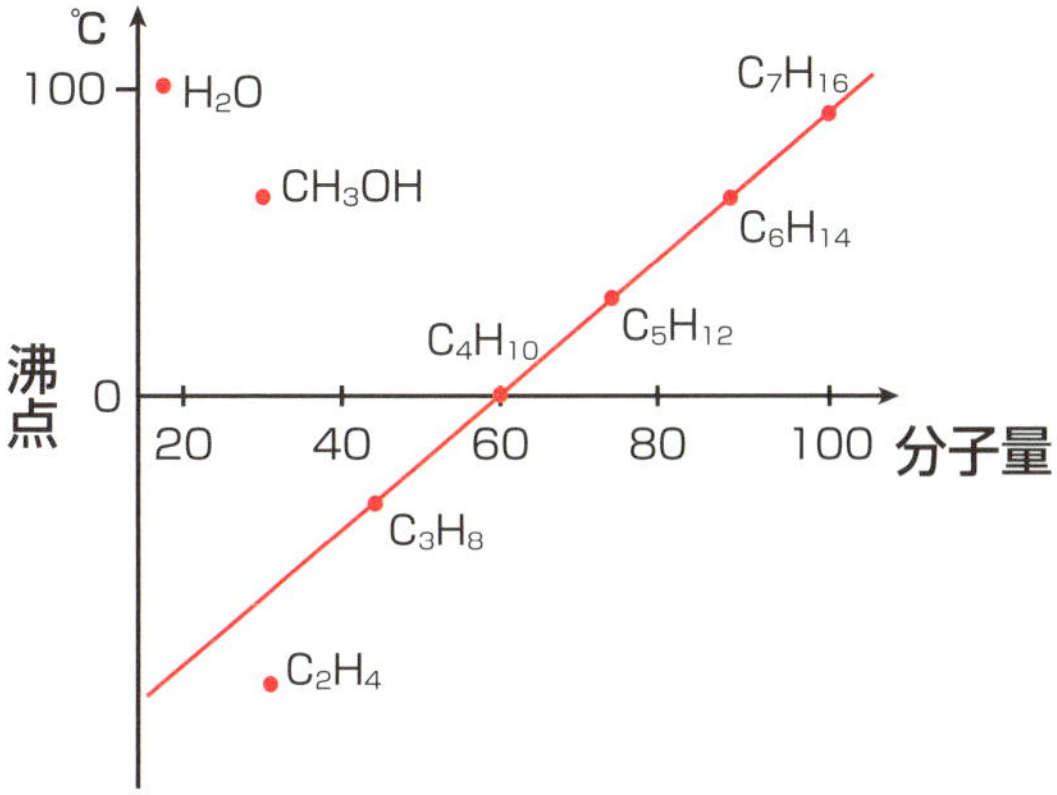

SECTION 06

水の状態図

物質の状態は圧力Pと温度Tによって決まります。それでは圧力P、温度Tの時、水は氷なのでしょうか？　それとも、液体、気体でしょうか？　それを示してくれるのが水の状態図です。

状態図は物質固有のものであり、実験によって求めるものです。現在では多くの物質の状態図が明らかになっています。

点（P、T）が領域にあるとき

状態図では、グラフの平面が3本の線分、ab、ac、adで3分割され、三つの領域Ⅰ、Ⅱ、Ⅲに分けられています。この図は次の事を表しています。

つまり、圧力P、温度Tを表す点（P、T）がもし、領域Ⅰにあったら、この圧力と温度の下では水は固体、すなわち氷であるというのです。領域Ⅱなら液体の水、領域Ⅲなら気体の水蒸気です。図から、1気圧20℃では水は普通の水であることが確認できます。

点(P、T)が線分上にあるとき

それでは点(P、T)が線分ab上にあったらどうなのでしょう? この時は線分abの両側にある状態、すなわち液体と気体が同時に存在することを意味します。このような状態は沸騰と呼ばれます。そのため、線分abは沸騰線とも呼ばれます。図

●水の状態図

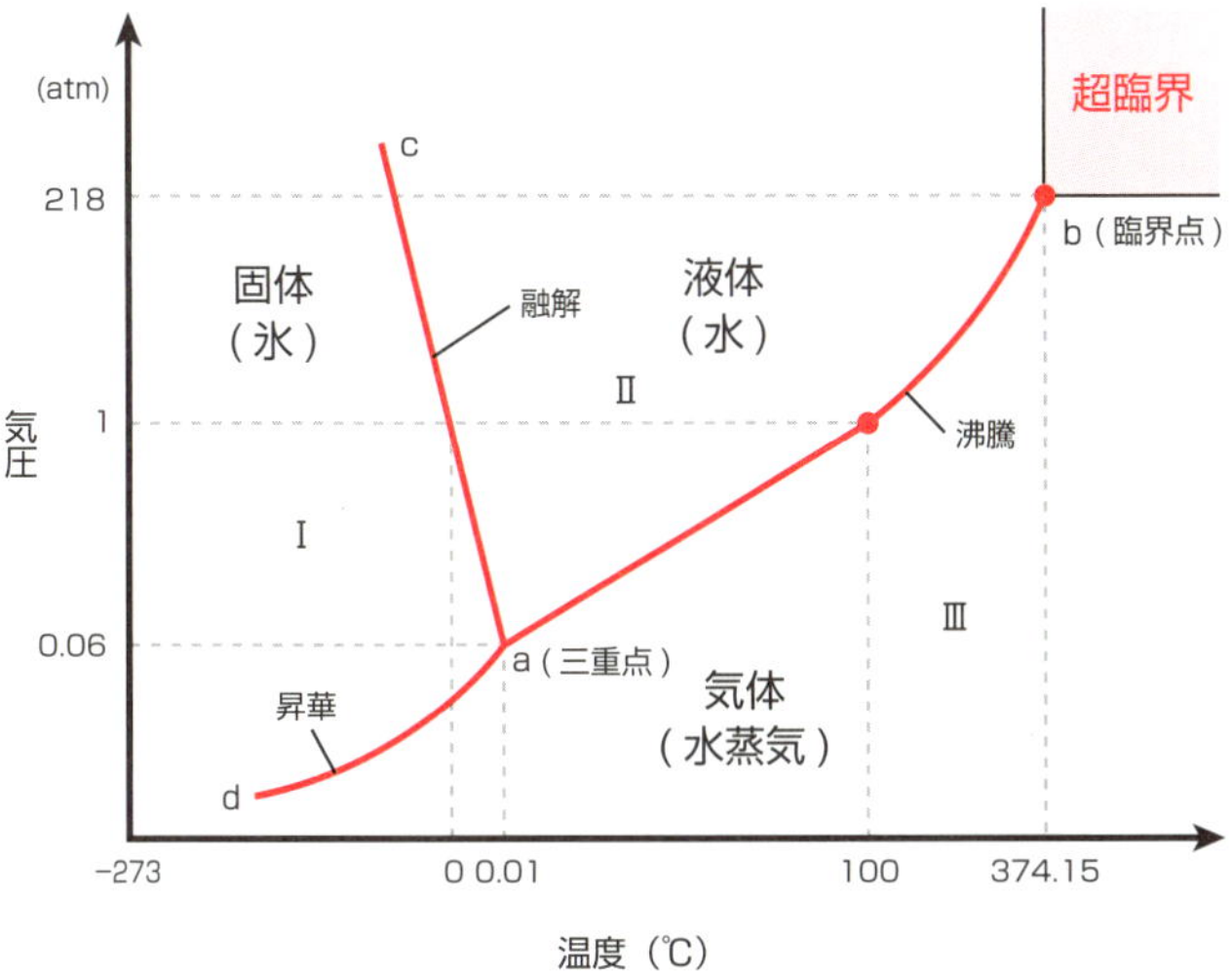

から、1気圧のときの沸点は100℃であることがわかります。
同様に線分acは融解線、線分adは昇華線と言うことになります。

点(P、T)が点aにあるとき

点(P、T)が点aにあるときには、三つの状態、固体、液体、気体が同時に存在することになります。そのため、点aは、三重点と呼ばれます。つまり、三重点の条件では、氷水が沸騰するのです。南氷洋が沸騰するイメージです。もちろんこのような状態が日常起こるはずはありません。三重点の状態、すなわち、0・06気圧という真空状態でなければ起きません。

SECTION 07
超臨界水

温度には最低があります。それが絶対０度（マイナス２７３℃）です。これ以下の温度は存在しません。したがって前項の状態図の線分ａｃ、ａｄはこの温度を表す縦軸に交わった所で終わりになります。

超臨界状態

温度に最高はありません。何億度でも何兆度でも存在します。それでは線分ａｂはどうなるのでしょう？　無限に長く繋がるのでしょうか？　そうではありません。線分ａｂは点ｂ、つまり圧力２１８気圧、温度３７４℃で終わりになります。

点ｂを臨界点と言い、臨界点より高温高圧状態を超臨界状態、超臨界状態にある水を超臨界水と言います。

超臨界状態のはっきりした特徴は沸騰線が無い、すなわち沸騰が起きないということです。つまり、この状態では液体と気体の区別がつかないということです。超臨界水は液体の水の密度、粘度と、水蒸気としての激しい分子運動を兼ね備えています。その結果、高い溶解性と酸化能力を兼ね備えています。

超臨界水の用途

超臨界水は、研究はもとより産業界からも熱いまなざしで見られています。

❶ 溶解能

特徴の1つは、その高い溶解力です。なんと有機物をも溶かしてしまいます。つまり、有機化学反応の溶媒として使うことができるのです。有機化学反応では、試薬量の何倍もの量の溶媒を使います。これが廃棄物の量の増加に加担しているのです。その溶媒が水で済むとなったら、反応廃棄物の量は激減します。目下、環境に優しいグリーンケミストリーの立場から研究が進んでいます。

超臨界状態になるのは水だけではありません。多くの物質が超臨界状態になります。最近注目されているのは、二酸化炭素の超臨界状態です。二酸化炭素は74気圧、31℃という、水に比べてはるかに穏やかな条件下で超臨界状態になります。

しかも、溶解力は大きく、有機反応の溶媒として使うこともできます。この場合、反応終了後、容器内の圧力を常圧（1気圧）に戻せば、溶媒は気体の二酸化炭素として揮発してしまいます。反応の後処理が大変楽になります。これは省力化だけでなく、省エネルギーにもなり、環境に優しいことにもなります。

❷酸化能

超臨界水のもう1つの特徴は、その酸化能力です。

1970年代に公害物質として指弾されたものに、PCBがありました。PCBは、合成品であり、天然界には存在しません。PCBは、絶縁性が高い液体のため、世界中のトランス（変圧器）オイルとして重宝されました。その他にも、印刷インク、熱媒体などとして多方面に大量に使われました。

●PCB

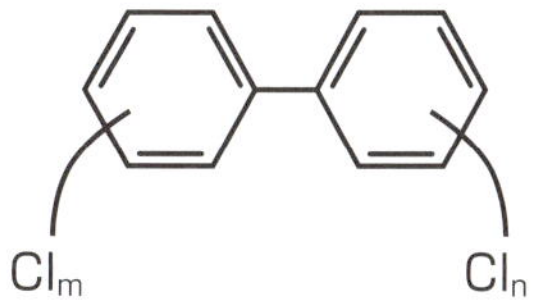

$1 \geqq m+n \leqq 10$

ところが、1970年代に起きたカネミ油症事件で明らかになった有害性のため、PCBの製造、使用は禁止されました。しかし、極度に安定なPCBは回収しても分解のしようがありませんでした。

仕方なく政府は、分解法が開発されるまでPCBを各部局で保管するように処置しました。以来30年間、分解法が開発されないまま膨大な量のPCBが、日本各地で保管されてきました。その間に行方不明になった量も、かなりに上るものと見積もられます。

それがようやく、分解されるメドが立ちました。その方法が超臨界水の使用です。超臨界水と酸化剤の併用で、効率的に分解されることがわかったのです。社会のお荷物だったPCBが一掃されるのも近いことでしょう。

SECTION 08

ポリウォーター

水は生命のためにも産業のためにも無くてはならない重要な物質ですが、科学的な見地からも尽きない興味をかきたててくれる物質です。そのため、水は昔から研究が行われ、いろいろの挙動が発見されてきました。ポリウォーターは、その様な研究の1つです。

発見

ポリウォーターは、ポリウォーター事件と言われることがあるように、一種の科学スキャンダルと考えられています。

ポリウォーターの〝ポリ〟はポリマーのポリと同じく、たくさんの分子が結合したものという意味で使われています。ポリウォーターが「発見」されたのは、1966年、当時のソビエト連邦（ソ連）においてでした。

水をガラスの毛細管に通すと、通常の水とは異なる状態に変化したと言うのです。この水は、通常の水に比べて粘性は15倍、熱膨張率は1・4倍となり、融点はマイナス30～マイナス15℃、沸点は150～400℃であったと言います。しかし、この状態の水を得るには水をガラス管に通す以外に方法がなく、しかも数ミリグラム程度しか得られないという問題点がありました。

発展

この報告は世界中の科学者に衝撃を与え、多くの研究者によって追試が行われました。その結果、この水には、通常の水よりも強い水素結合の存在が示唆されたことから、多くの水分子が重合しているのではないかと考えられ、ポリウォーター（重合水）の名前が着けられました。

また、一部の研究者が、ポリウォーターは、加熱処理などによって固体状にすることができる可能性があると発言したことから、石油からプラスチックを作るように、水を原料とした高分子材料の産業が開花するのではないかという夢のような話まで飛び出しました。

その上、理論計算からポリウォーターは通常の水より安定した状態であると導かれたため、ひとたび、ポリウォーターが自然界に放たれたら、それが凝縮の核として作用し、地球上の水が全てポリウォーターに変化してしまうのではないかという、杞憂とも言えないような話まで出てきました。

結末

しかし、時間が経つにつれ、ポリウォーターの存在を否定する意見が多くなってきました。その理由は次の４つでした。

❶水がガラス（石英）に触れる機会は自然界にいくらでもあるのに、自然界でポリウォーターは発見されていない。
❷分析の結果、ポリウォーターには不純物が含まれている。

❸重水から作られたポリウォーターと軽水から作られたポリウォーターに物理的な違いが認められない。
❹メタノールや酢酸など、水以外の物質をガラス管に通してもポリウォーターと同様の変化が現れる。

結局1973年に発見者自身が、この変化は水分子の結合の変化ではなく、ガラス管を通すときに水に不純物が溶け込んだためであると結論し、ポリウォーターの存在は完全に否定されるに至りました。当時、ソ連はアメリカと東西冷戦状態にあり、共産主義政権が科学的にも優れていることを立証しようと躍起になっていました。そのため、有人人工衛星発射、ライカ犬の首のすげ替え手術、有機磁性体の開発など、画期的な技術開発を急いでいました。結局、このポリウォーターもそのような背景から生まれたフライングであろうということで幕が下されました。

しかし、この話のおかげで真面目に水の研究をしている科学者まで、うさん臭く見られてしまうのではないかという恐れを感じてしまいました。そのため、一時的とはいうものの、科学界から水の研究者が減るという現象がうまれてしまいました。

SECTION 09

次元水

炭素はいろいろの単体を作ります。ダイヤモンドは、その1つであり、炭素がx、y、zの三軸方向、すなわち、三次元に渡って結合しています。グラファイトも炭素の単体ですが、これは金網のような形をした層状構造体が何層も積み重なったものです。この一層だけを取り出せば、x、yの二次元に渡った結合になっています。炭素だけが一直線に繋がった構造の単体、つまり一次元構造の炭素単体は存在しません。

水の会合体と次元

はじめに断っておきますが、次元水という言葉はありません。水が作った集合体の次元に倣って私が作った言葉です。

水の集合体で最も整然としたものは氷です。これはx、y、z三軸方向、すなわち三次元に渡った構造体であり、ダイヤモンドと同じ構造です。その意味でこれを三次元水と言うことにします。液体の水も多くの分子が水素結合した会合体であり、氷ほど規則性はありませんが、三次元に渡る構造体であり、その意味で三次元水です。

それでは、二次元水はどのようなものになるでしょうか？　推定はできますが、実際に発見された例も無ければ作成された例もありませ

●ダイヤモンドと黒煙と水の会合体

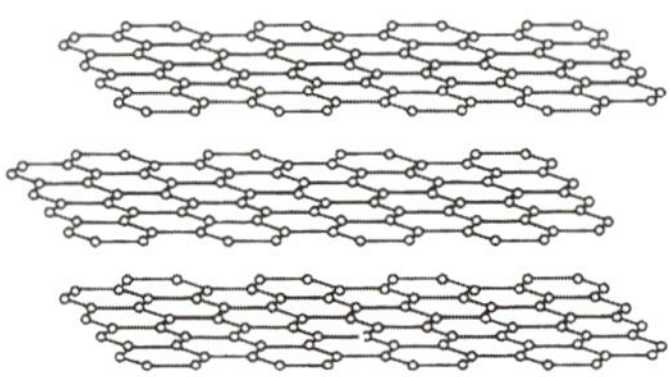

黒鉛
（二次元）

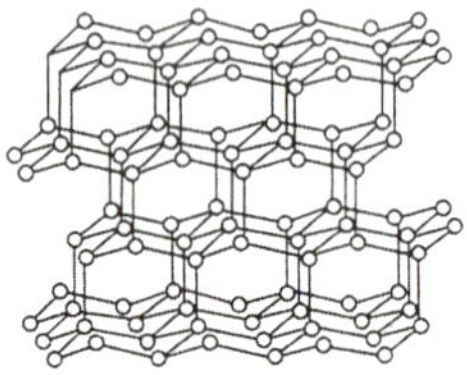

ダイヤモンド
（三次元）

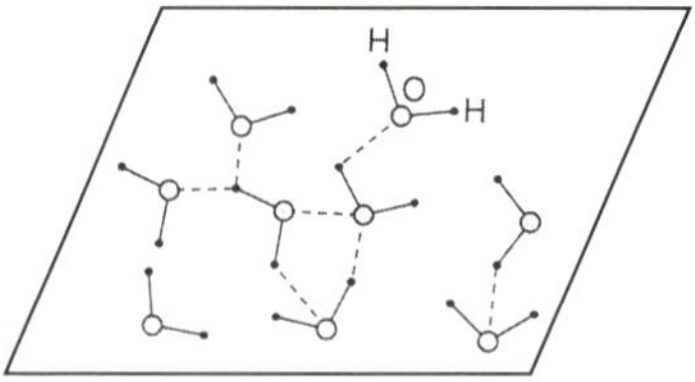

（二次元水）

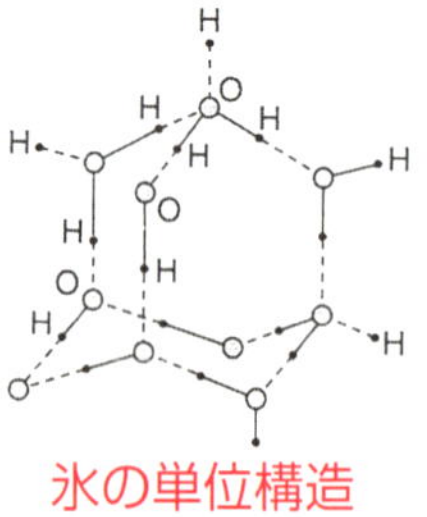

氷の単位構造
（三次元水）

ん。もし作成されたらポリウォーターのような騒ぎになるかもしれません。ノーベル賞候補でしょう。

一次元水と超分子ホース

一次元水の例も聞いたことはありません。二次元水がないのですから、一次元水が無いのは当然かもしれません。ところが一次元水は存在するのです。それも、私が作ったのです。これにはわけがあります。

私は超分子を研究しています。超分子というのは、何種類かの比較的簡単な構造の分子が何個か集まって分子間力によって結合し、より高次な構造体になったもので す。本書の姉妹書の『SUPERサイエン

●超分子ホース

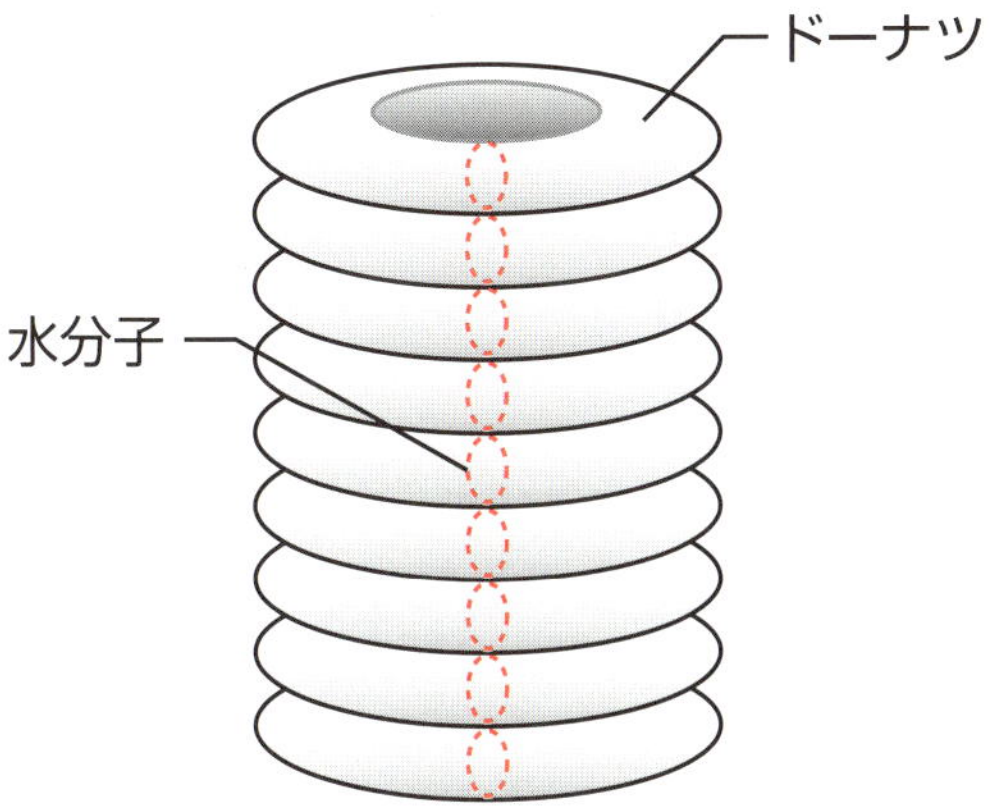

ス 分子マシン驚異の世界』に詳しく紹介してあります。

その研究の一環として、私は図のような環状分子を設計し、合成しました。いわば、ドーナツのような分子です。ところがこの分子は生成すると同時に自動的に、勝手に積み重なり、いわばホースのような非常に長い超分子になりました。私はこれに『超分子ホース』という名前をつけました。

●環状分子

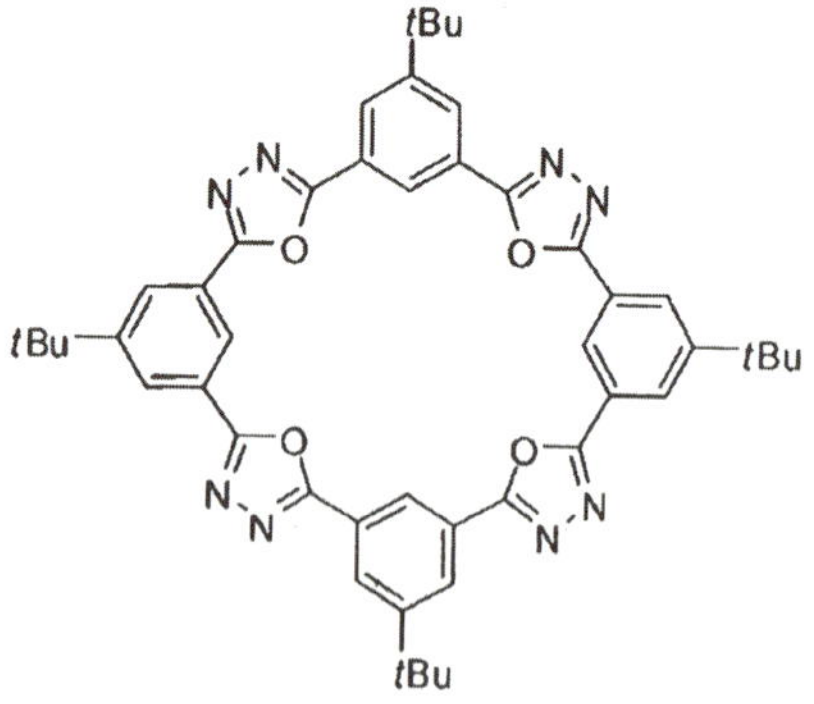

一次元水作成

超分子ホースの構造を確定するため、私は、この超分子を結晶化させ、単結晶X線解析で構造解析をしました。その結果、意外なことがわかりました。水を含んだ溶媒から結晶化させたせいで、このチューブの中に水分子が入っていたのです。

チューブの直径が、丁度水分子1個が入れる程度の大きさだったので、この長いチューブの中に水分子が1個ずつ連なって入っていたのです。つまり、このチューブの中には水分子が一列に並んだ一次元水が存在するのです。これは単結晶X線解析が示すことですので、決して夢でも幻でもない、厳然たる科学的事実です。

幻の一次元水

しかし、問題があります。この一次元水は、このチューブの外に出ることはできないのです。チューブから引きずり出すことは目下不可能と言ってよいでしょう。といって、外側のチューブ分子を分解したら、支えを失った一次元水は崩れて普通の分子に堕落してしまうでしょう。ということで、目下、一次元水は「あることはわかるが手に取ることは出来ない」と

●一次元水

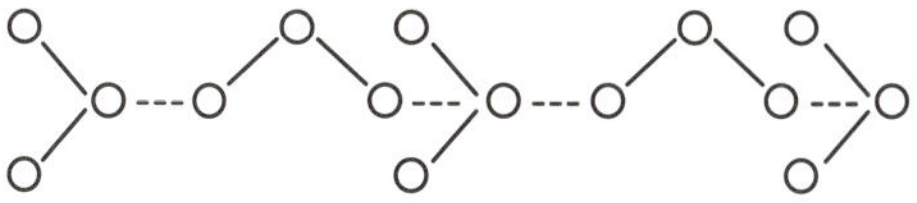

一次元水

いう、いわば「高嶺の花」状態にあるのです。誰か、実際に手にすることができたら、その時はノーベル賞をも同時に手にするのではないでしょうか？

実際に取り出すのは無理としても、理論解析で外側のチューブを消去して、内部の水分子のデータだけを取り出すだけでも、研究価値としては超一級のものになるのではないでしょうか？

●超分子ホースの構造

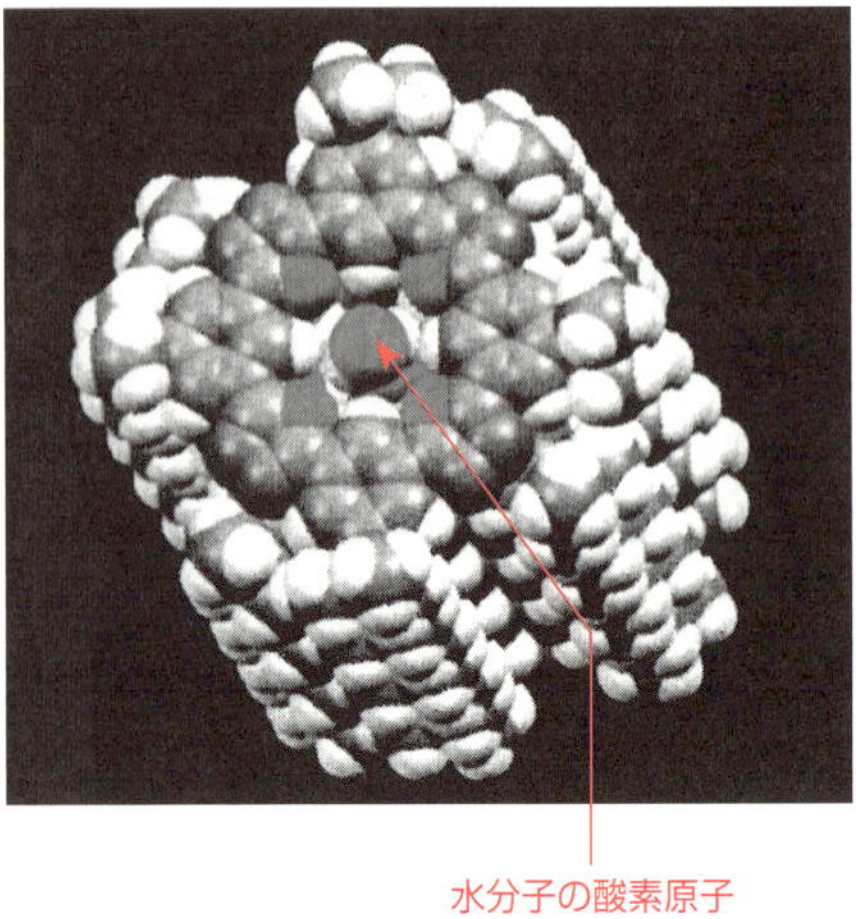

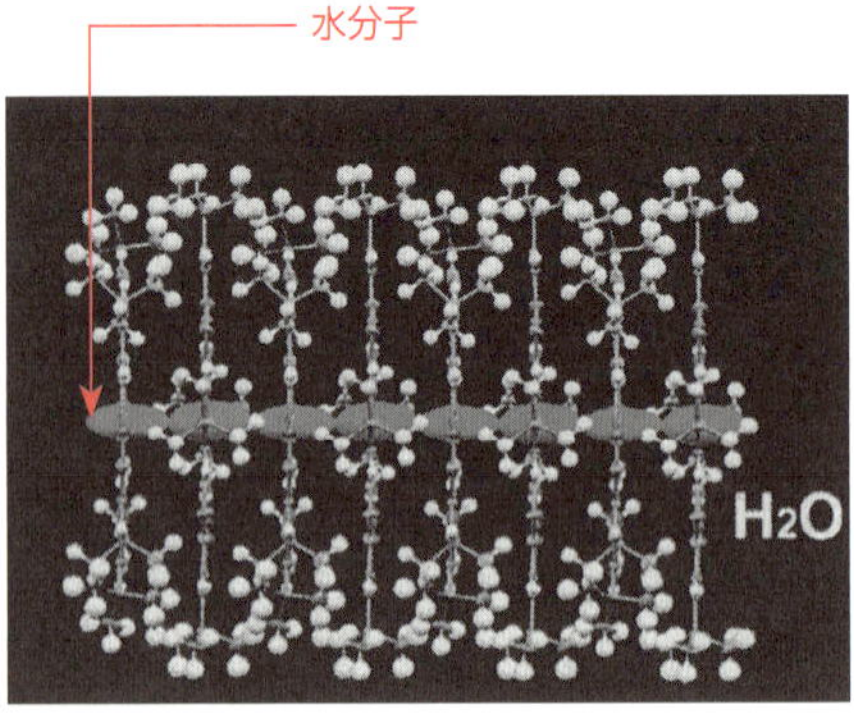

SECTION 10

よくわからない水の話

水は空気と並んで身近な物質です。しかも、非常に簡単な分子でありながら、その性質、反応性は複雑で微妙です。水の科学は終わっていません。今後、より精密な測定機器が開発されたら、水の科学はさらにまた精密さを増していくことでしょう。

水の科学は多岐にわたり、中には驚くような研究も出てきます。先のポリウォーターも、わかって見ればそのような話しだったのかもしれません。

πウォーター

ポリウォーターの発見とほぼ同時期、1964年に日本で発見されたのが「πウォーター」でした。発見者によれば「π」に意味はなく、語呂合わせのようなものだと言います。

ポリウォーターの話が終焉したのに対してπウォーターは、現在も健在であり、健康水、美用水、植物育成水、魚類育成水などとして宣伝市販されています。しかし、発見者に言わせれば、このようなものは真のπウォーターとは違う物なのだそうです。

それでは、真のπウォーターとは、どのようなものなのかということになると、πウォーターに関する科学的データや化学的解説は意外に少なく、本書で説明しようにも手がかりが少なすぎます。定義された学術用語によってなされた合理的な説明が見当たりません。

学術的にある程度言えることとは、πウォーターは生体内に存在する水であり、二価、三価の鉄イオンを2×10^{-12}モル／Lの濃度で溶かしているということです。それ以上の濃度でも、それ以下の濃度でもπウォーターではないと言います。

ということは、πウォーターは「何かの水溶液」であり、水分子の会合状態の違いによって生じたものではないようです。健康のためにπウォーターを用いる時には自己責任ということになります。

Chapter.3
液晶と液晶モニター

SECTION 11

液晶状態

一般に言う液晶は液晶状態のことです。液晶状態がどのような状態かということはChapter.1で見た通りです。しかし、液晶状態と言っても実際には、いろいろの種類があります。ここでは液晶状態について、もう少し詳しく見ていきましょう。

液晶の歴史

液晶が発見されたのは、1世紀以上も前のことになります。液晶は1888年、オーストリアの植物学者F・ライニッツァーによって発見されました。彼は、コレステロールと安息香酸のエステル化合物を加熱すると2度融解することを発見しました。これが先に見た融点と透明度のことに相当します。

それ以来、液晶は簡易温度計、鉄板溶接の検査などに使われてきました。その様な液晶が歴史の舞台に華々しく登場したのは、1964年にアメリカで液晶表示の原理が発明されたことによります。以来半世紀ほどの間に、テレビはもちろん、パソコン、ケータイ、ATMなど、表示装置のほとんど全ては液晶式になりました。

現在では、液晶表示に代わって有機ELが出てきましたが、分子の配向を実際に制御するという液晶表示の原理は表示装置だけでなく、いろいろの用途に使うことのできるものです。液晶を用いた技術は今後とも発展していくことでしょう。

液晶状態の種類

液晶状態というのは、簡単にいうと「特殊な分子」が一定の温度範囲で示す「特殊な状態」です。この液晶状態を取ることのできる特殊分子を液晶分子と言います。しかし、液晶分子も常に液晶状態でいるわけではありません。「融点から透明点まで」という一定温度範囲でだけ液晶状態となります。

液晶状態は液晶分子が配向を一定に保ったまま流動する状態ですが、それにしてもいくつかの異なった液晶状態があります。その分類を図に示しました。

液晶の分類

リオトロピック液晶というのは、液晶分子が溶媒に溶けて溶液になったときにだけ液晶状態になる、液晶の中でも変わった状態です。Chapter.4で見る分子膜は、リオトロピック液晶の一種と見ることもできます。一般の液晶は温度によって液晶状態の現れるサーモトロピック液晶です。

　サーモトロピック液晶は、液晶分子が円盤状のディスコチック液晶と、棒状分子からなる一般的なカラミチック液晶に分かれます。そしてカラミチック液晶は、さらにネマチック、スメクチック、コレステリック液晶に分かれるのです。

●液晶の分類

ディスコチック液晶

- 液晶
  - リオトロピック
  - サーモトロピック
    - ディスコチック
    - カラミチック
      - ネマチック
      - スメクチック
      - コレステリック

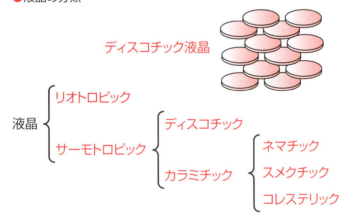

液晶の構造

サーモトロピック液晶の構造を見てみましょう。

❶ネマチック液晶

最も一般的な液晶です。全ての液晶分子は同じ方向を向きますが、その位置は全く自由です。

❷スメクチック液晶

ネマチック液晶よりも位置の規則性が残った状態です。すなわち、多数の液晶分子が同一平面上に並び、それが積み重なっ

●液晶の構造

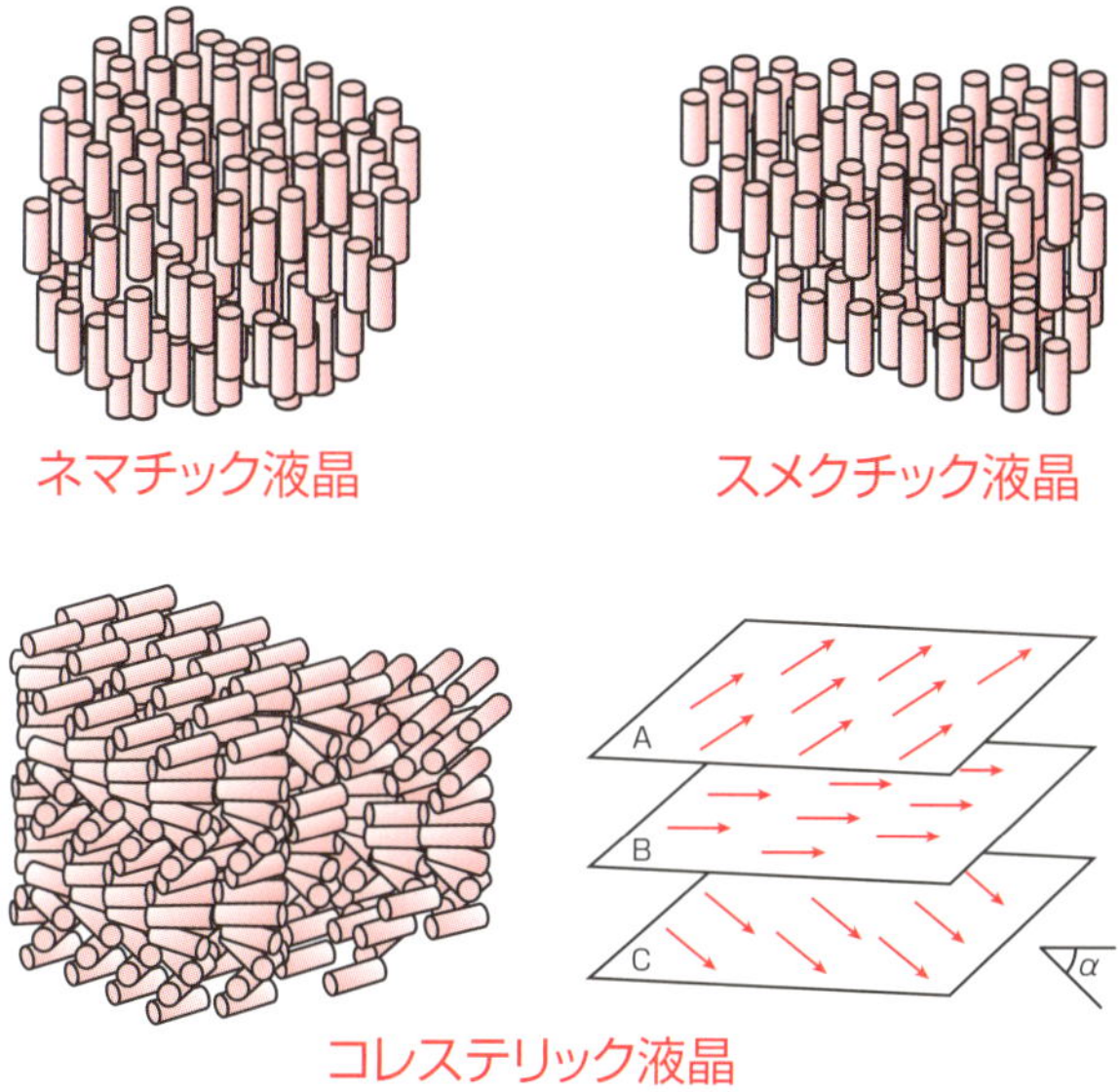

た層状構造をしています。

❸コレステリック液晶

最初に発見された液晶ですが、最も複雑な液晶です。すなわち、液晶分子がラセン階段状に積み重なっているのです。ラセンの角度は各液晶分子に固有ですが、温度によって変化します。

液晶分子の構造

液晶分子には多くの種類があります。いくつかの例を見てみましょう。

❶ディスコチック液晶分子

円盤状構造の多くは、ベンゼン環を利用したもので

●ディスコチック液晶分子とコレステリック液晶分子

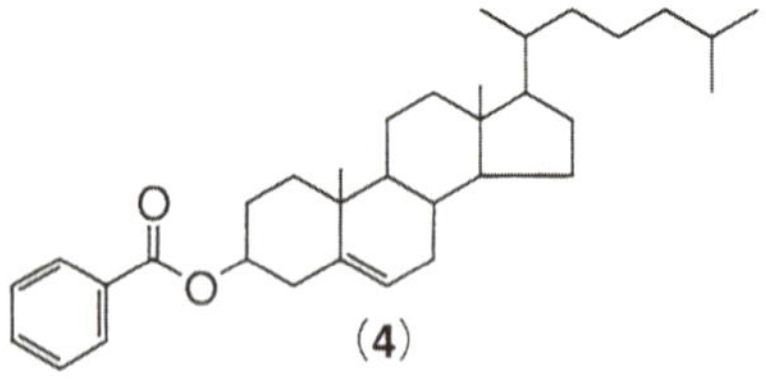
(4)

コレステリック液晶分子

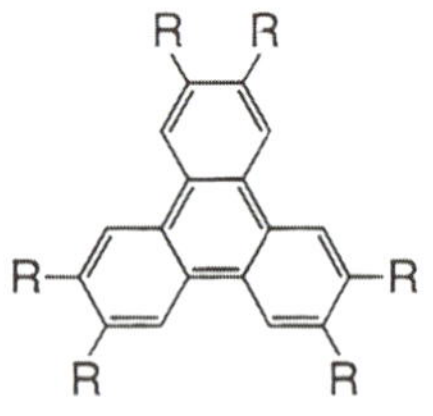
R: OC_6H_{13}

ディスコチック液晶分子

す。しかし、ベンゼン環を利用しないものもあります。

❷コレステリック液晶分子

その名前の通り、コレステロールやその誘導体が主流です。しかし。コレステロール骨格を持たないものもあります。

❸ネマチック、スメクチック液晶分子

最も一般的な液晶分子です。しかし、ネマチックとスメクチックで分子が違うわけではありません。使用温度によってネマチック状態になったりスメクチック状態になったりするのです。一般に高温になると位置の規則性を失ったネマチック状態になるようです。

●ネマチック、スメクチック液晶分子

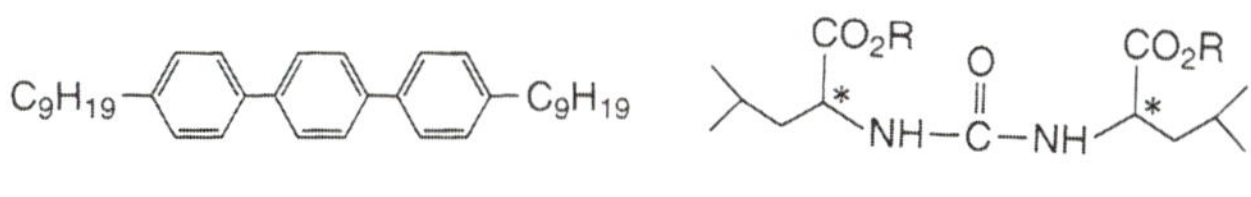

ネマチック、スメクチック液晶分子

SECTION 12
液晶の分子配向

液晶の最大の特徴は分子の向き、配向が揃っているということです。しかし、揃っているだけでは使い道は限られます。その配向を人為的に操作できるということが重要なのです。

分子配向

液晶分子は単純です。容器(セル)に付いた擦り傷の方向に並ぶのです。ガラスでできたセルの向かい合った2面の内側に、平行な方向に擦り傷を付けます。このセルの中に液晶分子を入れると、分子は擦り傷の方向に並びます。

もちろん、擦り傷から離れれば効果は薄れますが、50～100nm程度は有効に働きます。

次に、セルの片面の擦り傷の方向を90度ねじってみます。すると、何と液晶分子の方向もねじれるのです。らせん階段の要領です。これは先ほど見たコレステリック液晶と同じことになります

配向制御

次に、向かい合った2面に平行な擦り傷を付けたセルの、他の向かい合った2面を透明電極にしたセルを作ります。ここに液晶分子を入れれば、分子は擦り傷の方向に整列します。

ところが電極間に電圧を掛ける、あるいは電流を流すと、分子は90度向きを変えて、

●分子配向

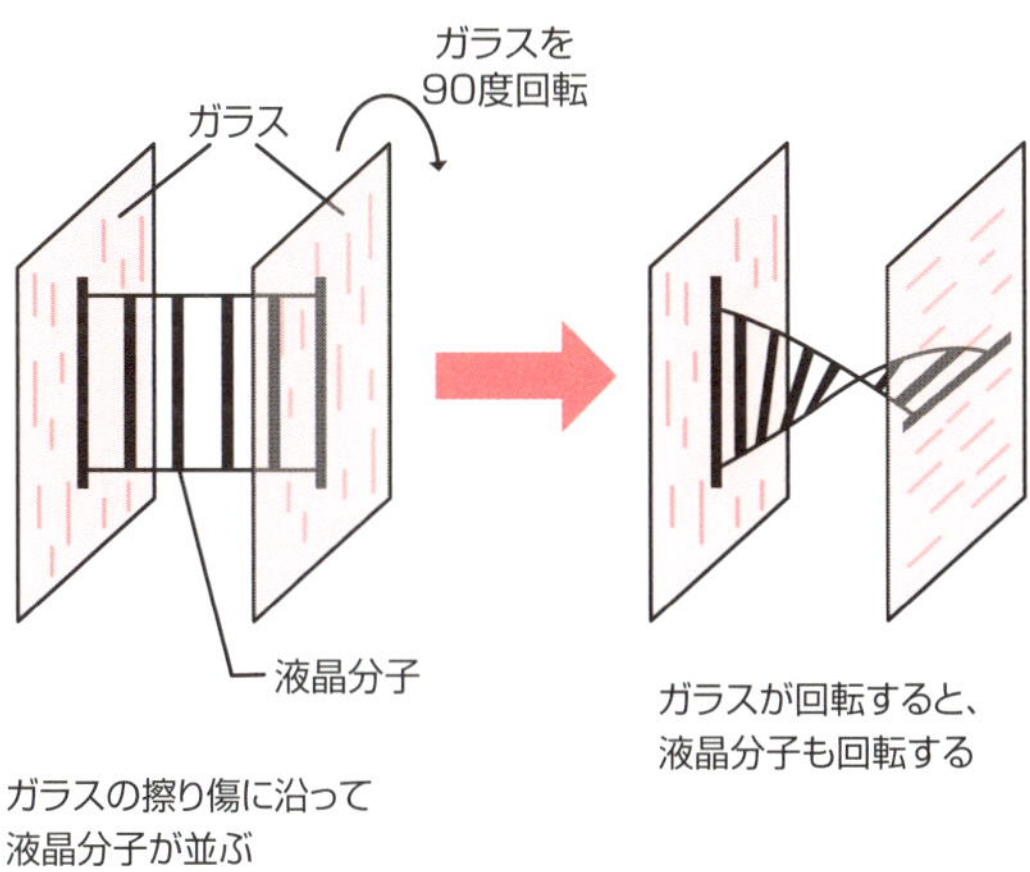

ガラスの擦り傷に沿って
液晶分子が並ぶ
ガラスが回転すると、
液晶分子も回転する

電極間に平行になるのです。スイッチを切れば直ちに元の擦り傷の方向に方向転換します。この行動を可逆的にほとんど永久的に繰り返します。

この動きは、実際の分子の実際の行動です。分子が実際に動くのですから、例えどんなに短くても時間は掛かることになります。

分子配向と光

液晶分子の配向が影響するのは光の透過性です。配向によって光を透過したり、遮断したりするのです。

●配向制御

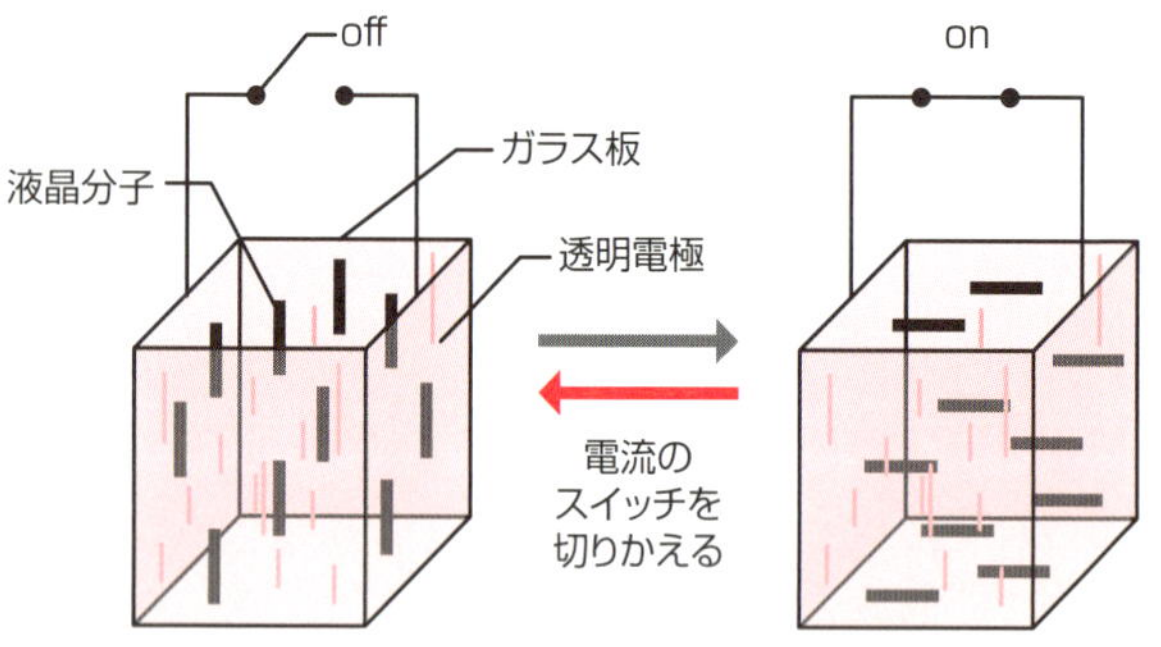

電流が流れていないと、液晶分子はガラス板に平行に並ぶ

電流を流すと、液晶分子は透明電極に対して垂直になる

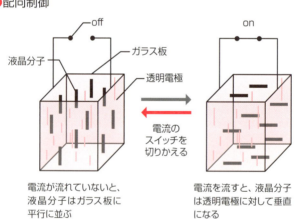

偏光

特殊な光として偏光があります。特殊な光とは言ったものの、通常の光は偏光の集合体でもあるのです。

光は波長と振動数を持った横波です。横波というのは振動面を持ちます。この振動面を円の直径で表します。普通の光をスリットを透すと、振動面がスリットの方向に一致した光だけがスリットを透過します。この透過した光だけを偏光といいます。つまり、偏光と言うのは振動面の揃った光のことです。

偏光と液晶

液晶分子を入れたセルに偏光を照射します。すると、次のように観測者には見えます。

●自然光と偏光

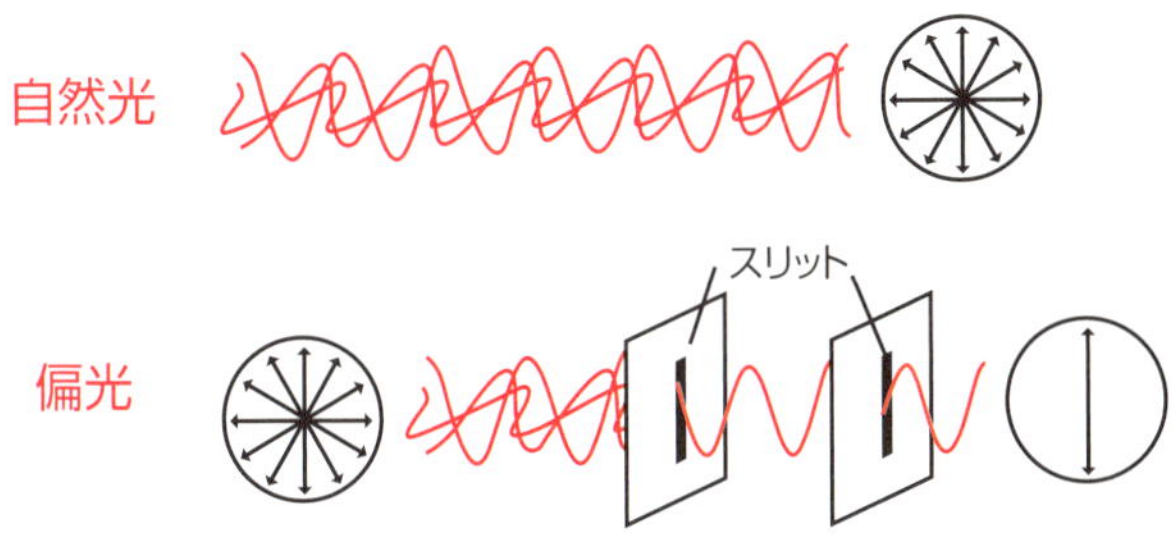

❶ 透過

液晶分子の配向と偏光面が平行な場合には偏光はセルを通過します。つまり、図の観測者に偏光が届くため、観測者にはセルは明るく（白く）見えます。

❷ 遮断

液晶分子の配向が偏光面と直角になっている（直交）場合には、液晶分子は偏光を遮断します。つまり観測者にはセルは黒く見えます。

❸ 回転

液晶分子の配向をラセン型にし、偏光を入射します。すると偏光は液晶分子の回転方向に回転しながら通過します。つまり偏光面は液晶分子と同じようにねじられるのです。それでも偏光は観察者に届きますから、セルは白く見えます。

●偏光と液晶

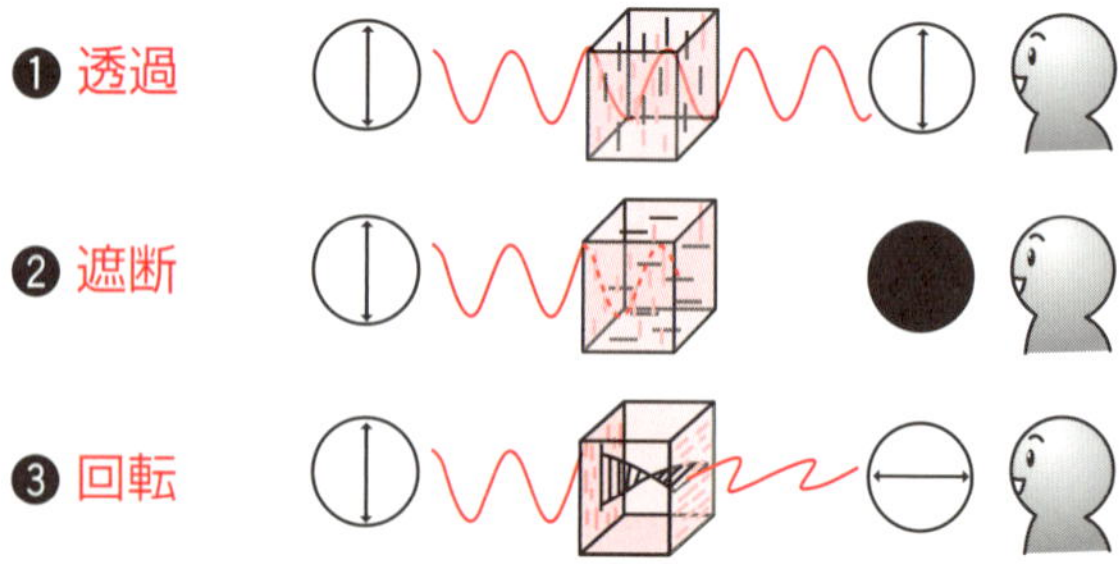

SECTION 13

液晶モニター

身の回りのモニター、ディスプレイのほとんどは液晶によるものと言ってよいほどです。液晶モニターの原理はどのようなものなのでしょうか?

基礎原理

液晶モニターの原理は少し複雑です。そこで、実際の液晶モニターを見る前に、簡単な模式モデルで原理を見ておくことにしましょう。液晶モニターの基本原理は、影絵の原理です。電灯(明かり)と障子の間に手をかざして手をキツネやハトなどいろいろの形に変えると、白い障子に黒い影が映ります。あの原理です。

話を簡単にするために、液晶分子を短冊形にします。短冊ですから光を透しません。

図のように、擦り傷をつけたガラスと透明電極からできたセルに(短冊形の)液晶分子を入れます。スイッチをオンにした時には、短冊分子の方向は図Aのようになり、光は短冊の間をすり抜けて視聴者に届きます。ですから、画面は白く見えます。

しかし、スイッチをオフにすると短冊の向きは変わり、光を遮ります。画面は黒くなります。

TNセル

液晶モニターの基礎原理がわかったところで、実際の液晶モニターを見てみましょう。

基礎原理では短冊形の液晶分子を用いましたが、そのような分子は実際には存在しません。そこで考え出したのが、前項で見た、液晶と偏光の関係です。偏光を用いれば液晶分子の配向を用いて透過、

●液晶モニターの原理

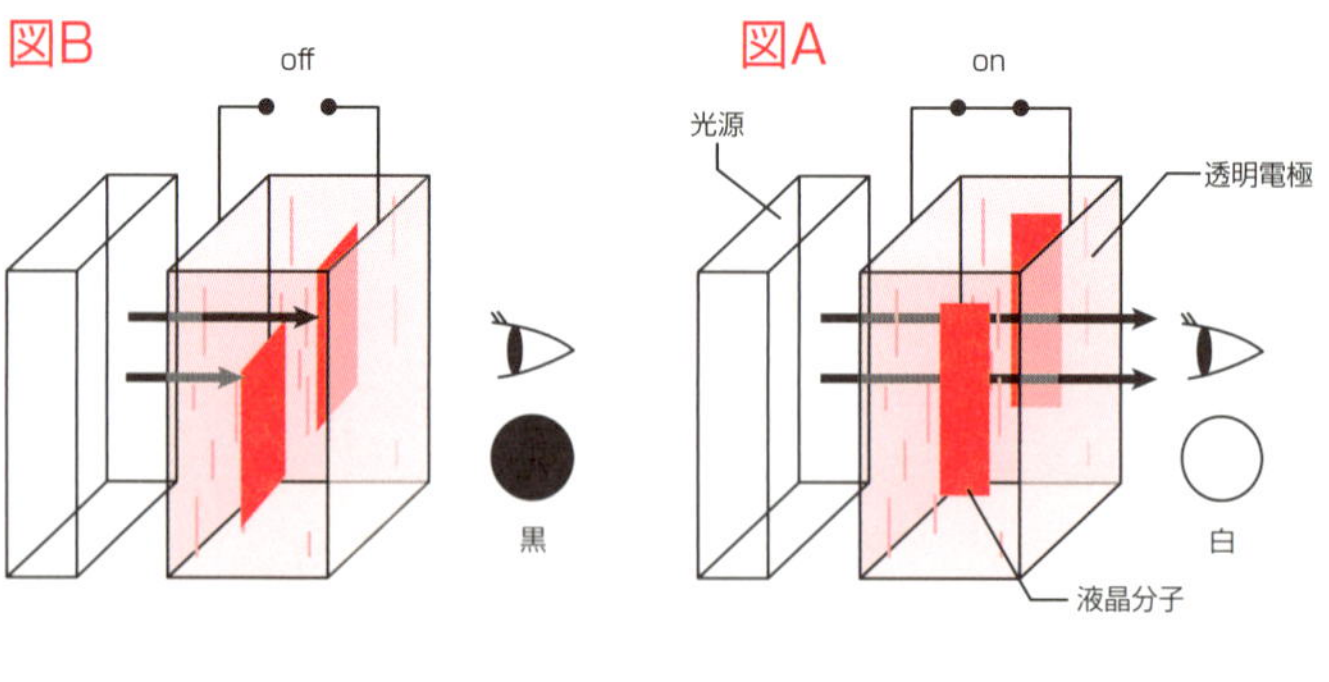

遮断を制御することができそうです。

実際の液晶モニターでは、ＴＮセルというセルを用います。ＴＮは、twisted nematicの略で、ネマチック液晶の配向をねじったものです。

図Ｃでは光源を出た偏光はＴＮセルによって偏光面を90度ねじられます。ＴＮセルの出口には、ねじられた変更が通過できるようにスリットが設置されています。したがって、ねじられた偏光は視聴者に届きますから画面は白く見えます。

図Ｄは電源を入れた状態です。液晶分子は配向を電流方向に平行にします。その結果、偏光をねじらなくなります。光源と同じ偏光面のままＴＮセルを通過した偏光は出口に待ち構えているスリットによって遮蔽されます。つまり、画面は黒くなると言うわけです。

●TNセル

図C

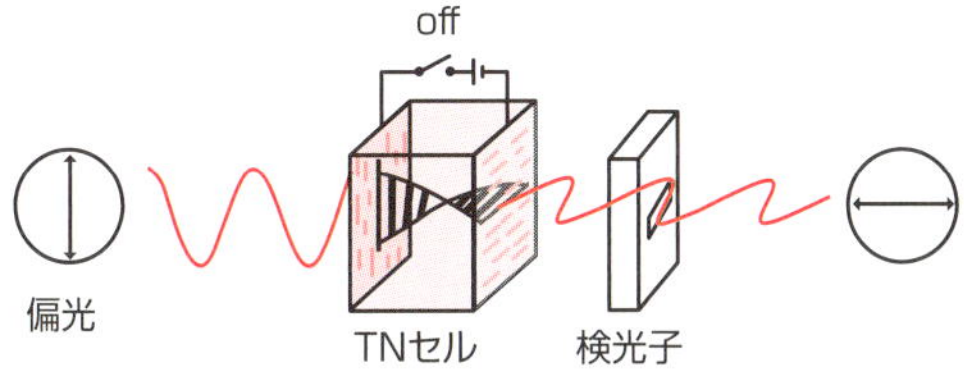

図D

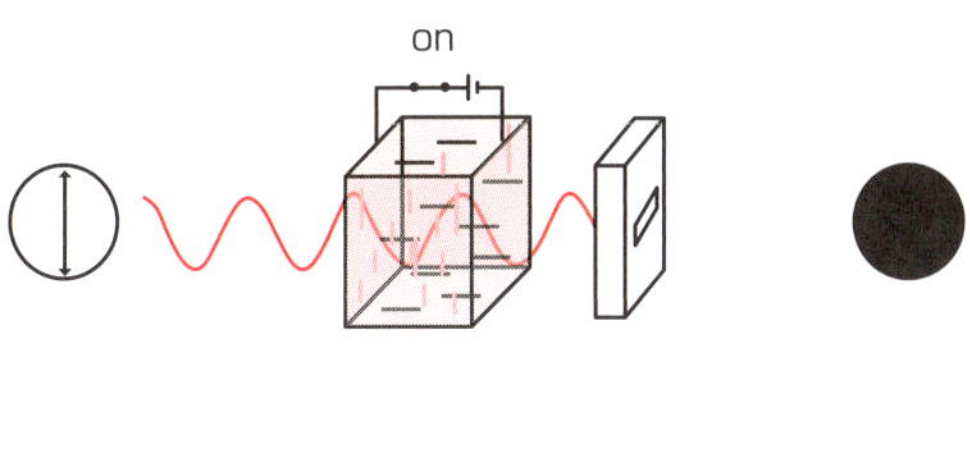

液晶モニターの構造

液晶モニターの構造は、このようなものです。あとはセルを細かく分割し、それぞれを独立に駆動させると言う電気的な問題だけになります。カラーにしたい場合には、各セルを三分割し、それぞれに光の三原色に相当する赤、緑、青に発光する蛍光剤を塗り、独立に発光させれば良いだけです。

液晶モニターは便利で使いやすいものですが、次のような欠点もあります。

❶発光パネルと液晶パネルという2枚のパネルが必要になるので厚くならざるを得ない。

❷画面が黒い時にも発光パネルは輝き続けているので、消費電力に無駄が生じる。

❸分子の移動に時間がかかる。そのため、初期のモデルでは球技のボールが尾を引くように見える現象が現われた。

❹実際のモデルでは偏光を用いるため、視聴角度によって見にくくなることがある。

❸と❹は、技術的改良によって、実際上問題が無いまでに改善されているようです。

SECTION 14
液晶の利用

現在の社会における液晶モニターの活躍は、目を見張るばかりです。というより、あまりに日常的で、あえて意識しないほどと言った方が良いかもしれません。

液晶技術の価値

液晶モニターが開発される前から、液晶は利用されていました。ということは、液晶モニターは、数ある液晶の利用法のうちの1つに過ぎないと言うことです。

私が強調したいのは、極小の微粒子である「分子」を「機械的に動かす」ことに成功したのは液晶だけと言うことです。

液晶モニターの技術は単なる「新しいモニター」の開発だけではありません。それは電子顕微鏡でも目にすることのできない究極の微粒子を「動かす」技術なのです。

ここには、まだ想像もできない技術の発展が秘められています。液晶が液晶モニターとして華々しい活躍を見せる前から、液晶は、いろいろな分野で個性的な働きをしていました。そのいくつかをみてみましょう。

温度表示

水面に浮かんだ油は、太陽に照らされると虹色に輝きます。これは水面に浮かんだ油分子が積み重なって作った、各層の表面における太陽光の反射によって起こった干渉によるものです。干渉色の色は、反射する各層の厚さに依存します。

コレステリック液晶は分子がラセン階段状に積み重なったものです。当然、各層で太陽光を反射し、干渉色を発生します。そして、その結果の干渉色の色は、ラセンの強度、角度に依存します。先に見たように、その角度は温度に依存します。

つまり、検体に液晶を塗り、その色彩を見れば、おおよその温度を知ることができるのです。これは正確な温度測定が困難な検体、赤ちゃん、あるいは常に形状を変える物体の瞬間的な温度測定には、かけがえのない測定法になります。

溶接の検査

鉄板にコレステリック液晶を塗り、中心を加熱すれば温度は均一に伝導し、上で見た干渉色のリングが歪みの無い円として広がります。たとえば、2枚の鉄板を溶接して1枚の鉄板にしたとしましょう。

この溶接鉄板に液晶を塗って、中心を加熱しましょう。もし、干渉色のリングにゆがみがあったとしたら、どういうことでしょう。溶接はやり直しです。

液晶の将来

液晶の利用法の開発は、研究者のアイデアによります。液晶モニターの関連から、光との関連を考えれば、レンズの焦点距離の変化でしょう。

適当なレンズ型の容器に液晶分子を入れ、その分子の配向を電圧で制御すれば、レンズの焦点距離を「レンズの形態を変化すること無し」に変化することができます。つまり、自動焦点カメラの焦点合わせを、レンズの「飛び出し」無しに行うことができます。白内障で置換するレンズに応用すれば、焦点距離を自動調節することのできるレンズも可能でしょう。

素材の歴史

動物と人類に違いがあるとすれば、知能の違いと言われます。知能の違いが端的に現れるのは道具の使用と言われます。現在、道具の使用が認められるのは、鳥類における単一的な目的なものを除けば、類人猿だけと言われます。

一方、巣などを作る素材の利用とい

●液晶を利用したレンズ

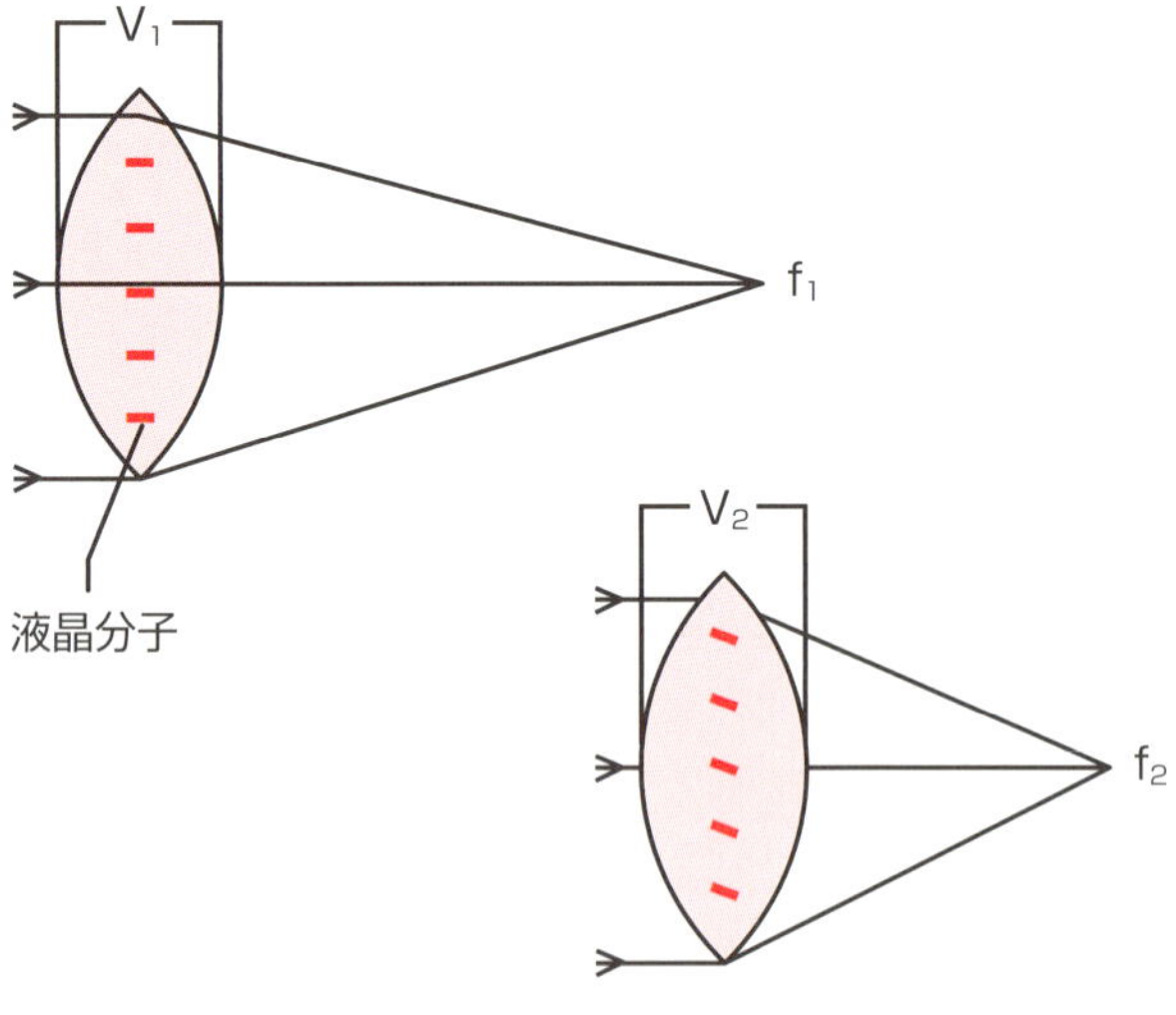

うことになると、動物各種によって各様の素材を使って個性的な巣を作ります。しかし、その素材そのものを作ってしまう動物は人類以外にありません。人類は石器時代（無機物）、青銅器時代（銅、スズ）、鉄器時代（鉄）を通じて各種の自然素材を利用して文明を創ってきました。

それが劇的に変化したのは20世紀です。20世紀に入って人類は、それまで利用してきた天然素材に加えて、自ら作り出した人工合成素材を手にしました。

素材の将来

今後、人類が作り出す独自の素材は益々増えていくことでしょう。ここで見た液晶は将来有望な素材の1つです。その他に、Chapter.4で見る分子膜もあります。また、先に見たアモルファスもその1つです。

ジャンルとして見た場合、最も広く、それだけに最も可能性の広いのは高分子でしょう。特に機能性高分子の世界は、人類の欲望を「伺いながら」進化します。それだけに、人類の欲望の赴くまま止めどなく進化する恐れがあります。

科学的に見た場合、素材の進歩に限りはありません。しかし、その行き着く先がどうなるかは、誰も知りません。素材の発展は恐ろしいほどの速度で進展しています。どこかで、誰かが手綱を握る必要があるのかもしれません。

Chapter. 4
分子膜と細胞膜

SECTION 15

分子膜

分子膜というのは分子でできた膜のことです。ポリエチレンラップも高分子という分子でできた膜の一種ですが、これは分子膜とは言いません。分子膜というのは、高分子ではなく、もっと小さい普通の低分子でできた膜のことを言います。普通の分子と言いましたが、それは大きさが普通ということで、性質的には特殊な分子です。それは両親媒性分子、界面活性剤と言われる分子なのです。

両親媒性分子

分子には食塩（塩化ナトリウム）や砂糖（スクロース）のように水に溶けるものと、石油、バターのように水に溶けないものがあります。一般に水に溶ける分子を親水性分子、溶けない分子を疎水性分子と言います。

親水性・疎水性

一般に物質の間には、似たものは似たものを溶かすと言う通性があります。水はO-H結合が極性(イオン性)を持った極性化合物です。一方、塩化ナトリウムは$Na^{+}Cl^{-}$というイオン性化合物です。そのため、水に溶けるのです。

それに対してスクロースは有機化合物です。一般に有機化合物は、水に溶けないのですがスクロースは特別です。というのはスクロースは、分子内に8個のO-H結合を持っています。これはもちろん水の結合と同じものです。そのためにスクロースは水に溶けるのです。

●親水性・疎水性

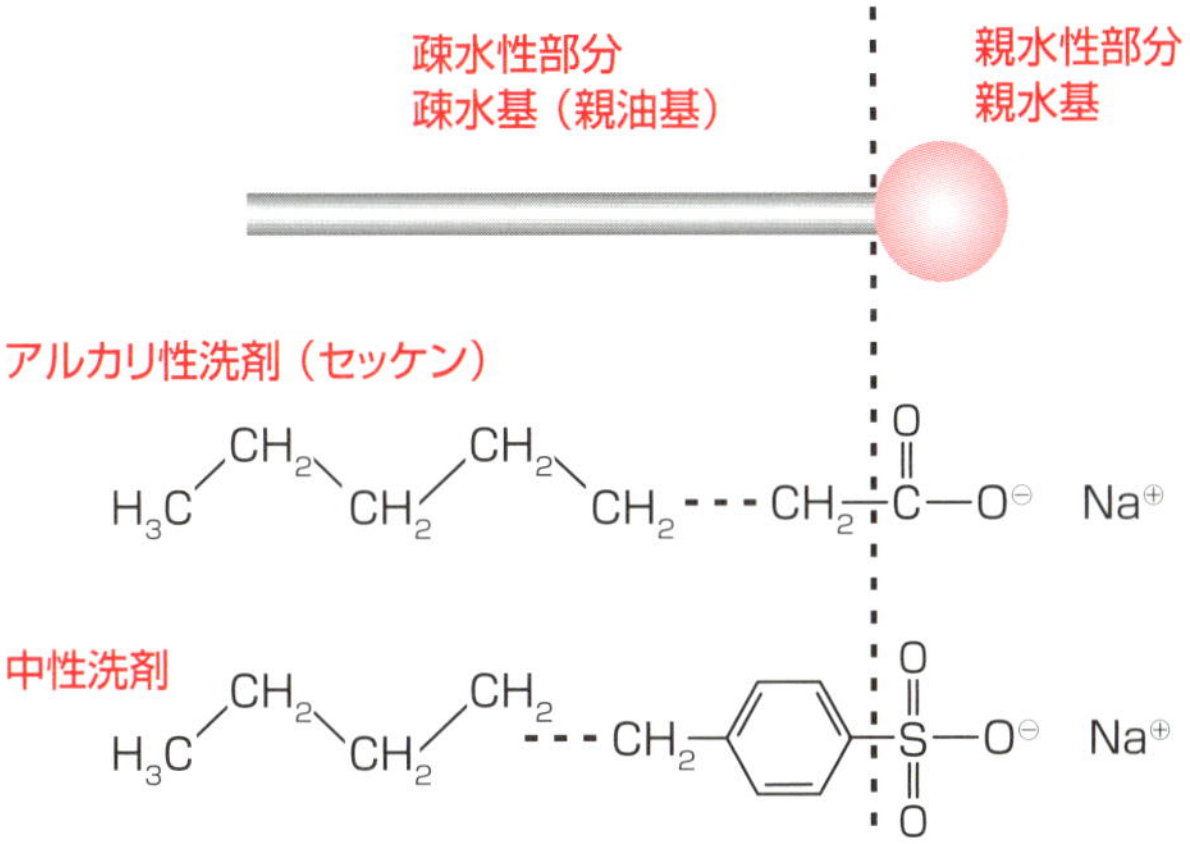

両親媒性分子

分子の中には親水性の部分と疎水性の部分を併せ持つものがあります。このような分子を一般に両親媒性分子と言います。両親媒性分子の典型は界面活性剤であり、一般に洗剤と言われるものです。

両親媒性分子は、いずれも疎水性部分はCH_2単位の連なった構造であり、石油の構造と同じです。それに対して親水性部分は陽イオンと陰イオンからなるイオン性の部分になっています。

分子膜

両親媒性分子を水に溶かすと、親水性部分は水に入りますが疎水性部分は入りません。そのため、分子は水面（界面）に逆立ちしたような形で浮かびます。

両親媒性分子の濃度を高めると界面はびっしりと両親媒性分子で覆われます。この状態は、界面が逆立ちした分子の膜で覆われたように見えます。この状態の両親媒性分子の集団を分子膜というのです。

この状態は、小学校の朝礼に似ています。グランドに整列した子供たちを上から見たら、子供たちの黒い頭の集団は海苔の膜のように見えます。しかし子供たちは自由です。隣の子にちょっかいを出しては列を乱します。トイレと言って集団を離れ、終わればまた戻ってきます。

分子膜はこれと同じ状態です。分子膜を構成する分子の間に結合はありません。緩い分子間力で引き合っているだけです。分子は自由に位置を交換して動きます。時には水面下に潜って膜から外れることもあれば、また戻ることもあります。このようなダイナミックな状態が分子膜の特徴なのです。

ミセル

両親媒性分子の濃度をさらに高めると、表面が分子でいっぱいになって表面に留まることの出来なくなった分子は仕方なく、水中に入ります。このような分子をモノマー（単量体）と言います。

さらに濃度が高まってモノマーが増えると、モノマーは集団を作ります。その集団は疎水性部分を内側、親水性部分を外側にした球状です。このようにすると、疎水性部分が水に接することを避けることができるからです。このような集団をミセルと言います。

濃度をさらに高めるとミセルは大きくなり、ついには袋状になります。袋の中には水が入ります。

二分子膜・累積膜

分子膜は重なることができます。2枚の分子膜が重なったものを二分子膜と言います。それに対して一枚の膜を単分子膜と言います。

●分子膜

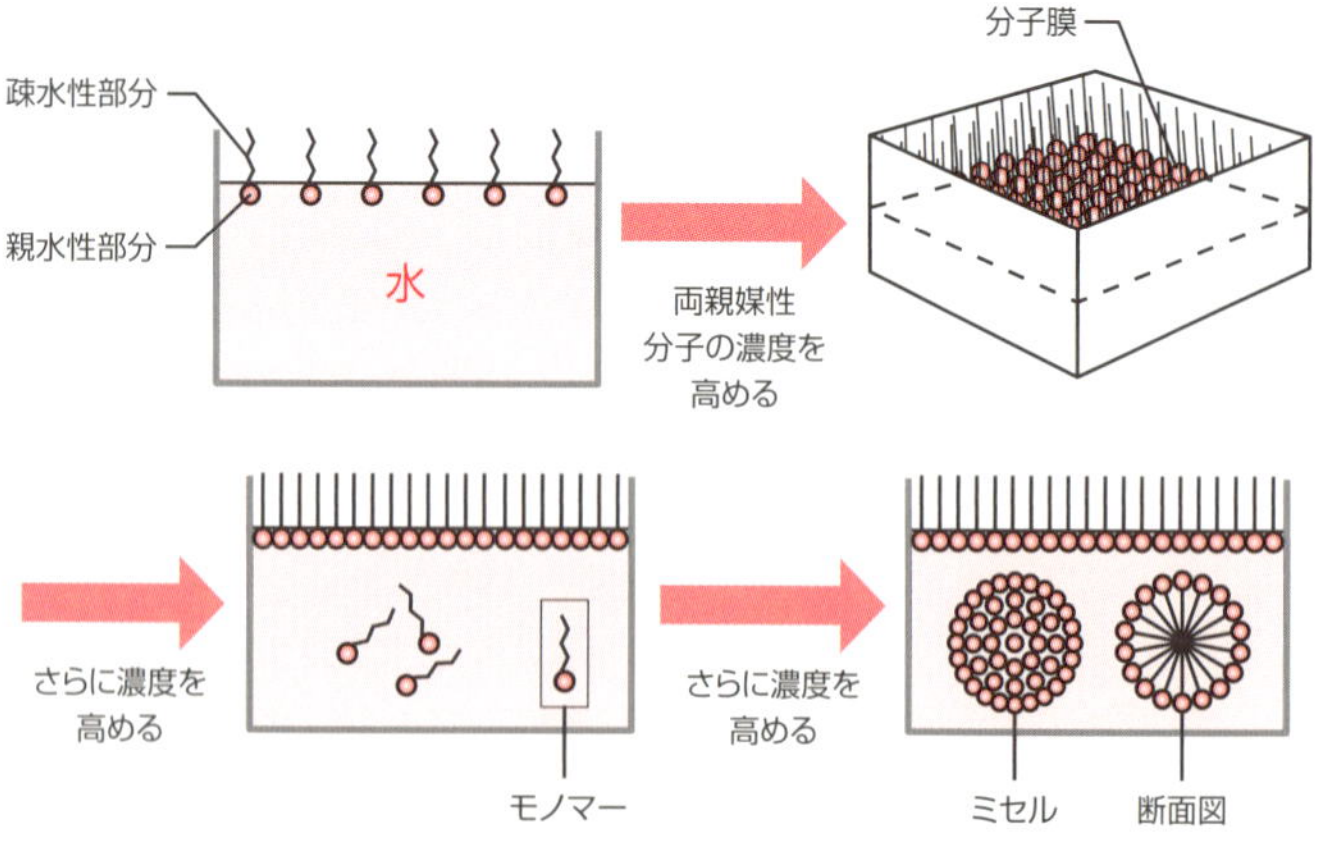

二分子膜は図のような操作によって簡単に作ることができます。二分子膜には疎水性部分を接した二分子膜と、親水性部分を接した逆二分子膜があります。後に見る細胞膜は二分子膜の一種です。

二枚以上の分子膜が重なったものを累積膜、あるいは研究者の名前を取ってLB膜と言います。二分子膜もミセルと同じような袋を作ることができます。このような袋をベシクルと言います。

●分子膜の作り方

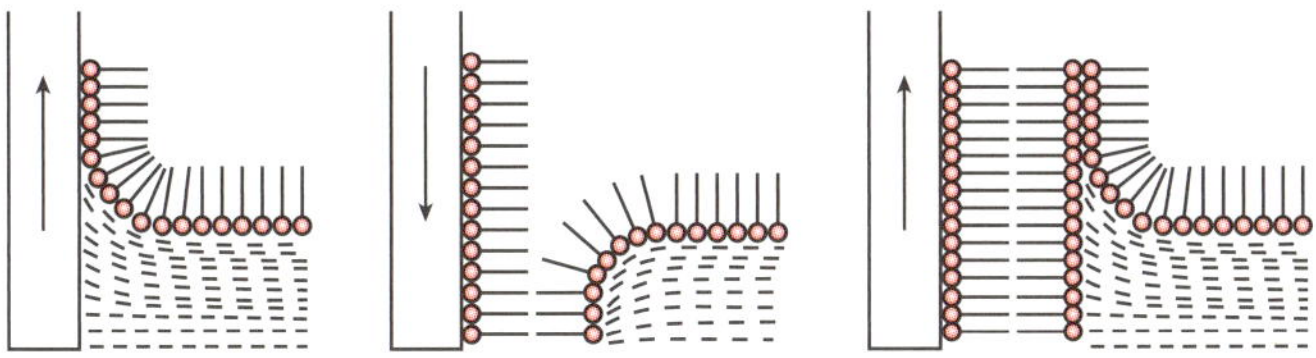

●二分子膜・累積膜

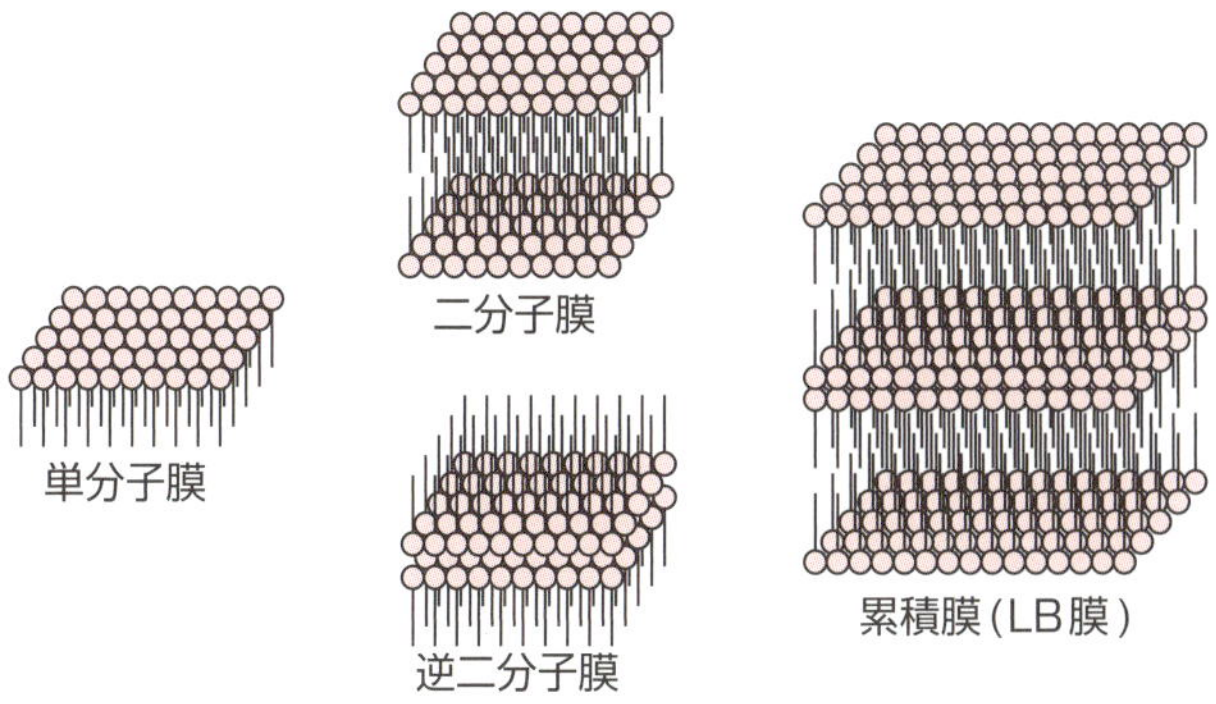

SECTION 16

身近な分子膜

分子膜は身近な存在です。シャボン玉がその良い例です。いくつかの例を見てみましょう。

シャボン玉

シャボン玉はシャボン（セッケン、洗剤）の分子でできたベシクルなのです。構造は図の通りです。親水性部分で合わさった二分子膜でできた袋（ベシクル）の中に空気が入ったものです。

膜の合せ目には水が入ります。光は、二分子膜のいろいろな層によって反射されますから、それが干渉

●シャボン玉の構造

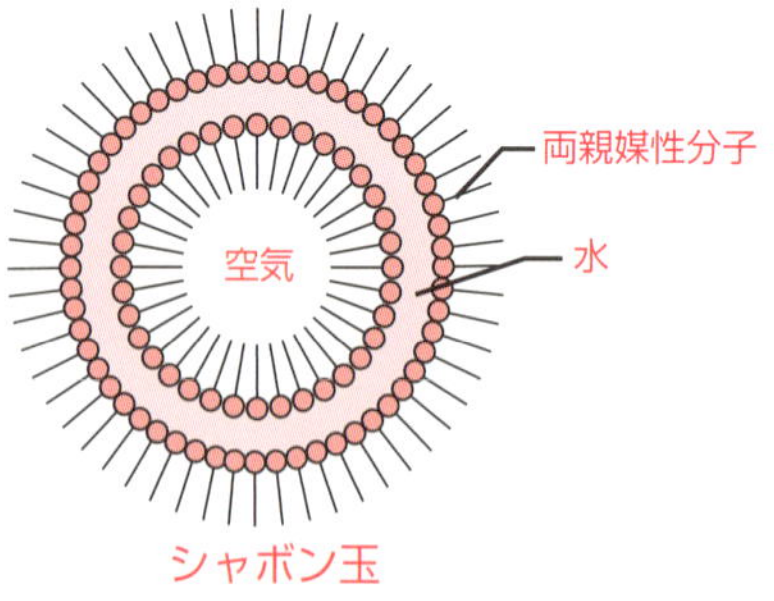

してシャボン玉を虹色に輝かせます。

シャボン玉は壊れれば元のセッケン液、すなわち洗剤分子と水に戻ります。これをストローに付けて息を吹き込めばまたシャボン玉になります。この様に完全な可逆性があるのは、分子膜になることによって、分子は何の影響も受けていないと言うことの証明になります。つまり、分子膜は分子が寄せ集まっただけのものであり、決して結合したり、何かの化学反応を起こしたりしているわけではないのです。

洗濯

両親媒性分子の代表は洗剤です。毎日の洗濯において洗剤は活躍しています。洗濯というのは水を用いて汚れを落とす操作です。汚れには水溶性の汚れと、油溶性の汚れがあります。水溶性の汚れが水で落ちるのは当然ですが、油脂やタンパク質などの油溶性の汚れは水には溶けないので落ちません。

油溶性の汚れは有機溶媒を用いるドライクリーニングで落とせば良いのですが、それをあえて水で落とすと言うのが洗濯の特徴です。そして、そのため活躍するのが洗剤です。

　図のような油汚れの着いた衣服を水に入れて洗剤を溶かします。すると、水中に入った洗剤のモノマーは疎水性の部分で油汚れに接合します。このようなモノマーが増えると油汚れは分子膜で包まれた状態になります。そしてこの包の外側は親水性部分で覆われています。つまり、この包は全体として見れば、親水性で水に溶ける包なのです。ということで、油汚れは分子膜に包まれて水の中に溶け出していきます。つまり、油汚れは布から落ちたのです。

●洗濯の原理

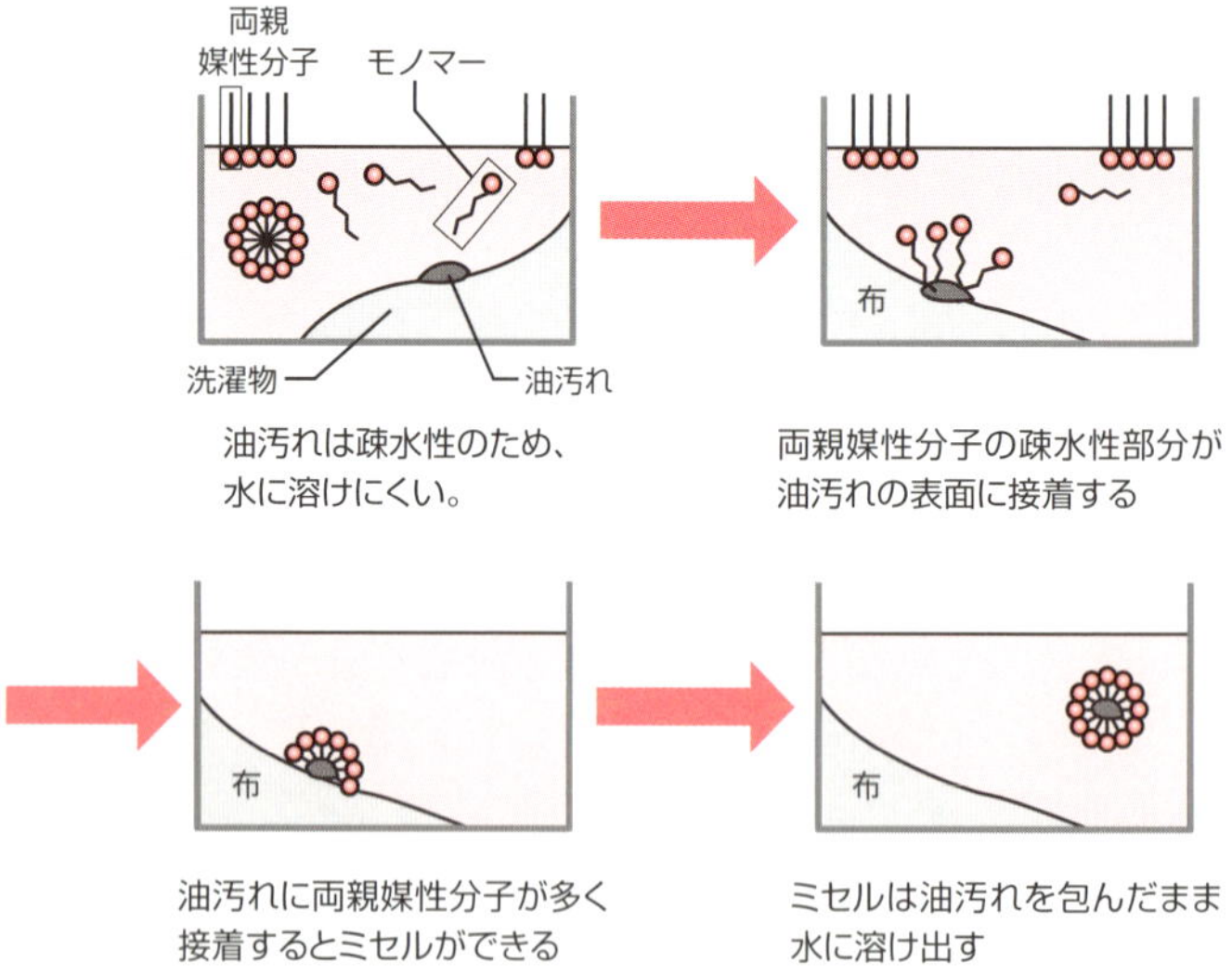
両親媒性分子
モノマー
洗濯物
油汚れ
油汚れは疎水性のため、水に溶けにくい。
布
両親媒性分子の疎水性部分が油汚れの表面に接着する
布
油汚れに両親媒性分子が多く接着するとミセルができる
布
ミセルは油汚れを包んだまま水に溶け出す

細胞膜

分子膜のうち、最も身近なものと言ったら、それは私たちの体を作っている細胞膜でしょう。細胞膜の本体は二分子膜そのものです。ただし、細胞膜を作っている両親媒性分子は洗剤ではありません。

リン脂質

それはリン脂質と言われるものです。これは油脂、脂肪の成分であるグリセリンエステルから体内で作られたものです。油脂分子の持っている3カ所のカルボン酸エステル結合のうちの1カ所をリン酸エステルに変化させたものです。

●リン脂質

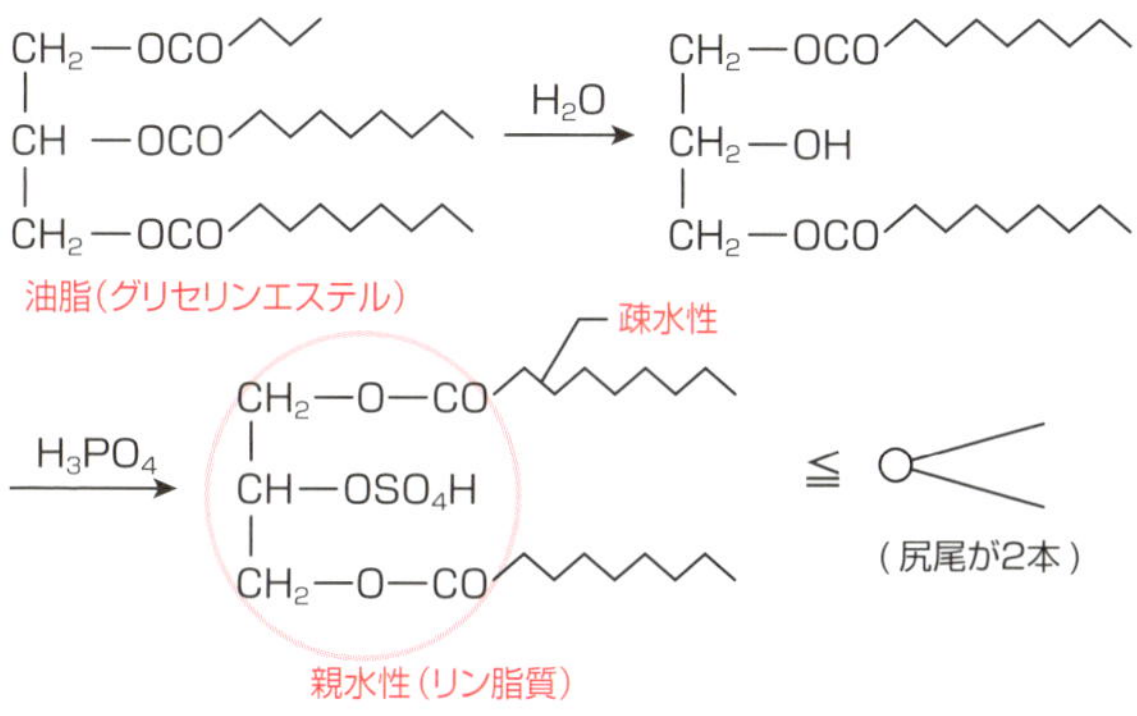

エステル結合部分が親水性部分になるので、リン脂質では大きな頭（親水性部分）に2本の尻尾がついている形になります。

細胞膜の構造

このリン脂質分子が作った二分子膜が細胞膜の本体なのです。細胞膜の分子の間に結合はないので、細胞膜にはいろいろの夾雑物が紛れ込んだり、挟まれたりすることができます。これがタンパク質や糖、コレステロールだったりするのです。

細胞膜に挟み込まれたいろいろの不純物は、あちこち漂って移動することができます。また、細胞膜から離脱して細胞の内部、あるいは外部に移動する、つまり細胞から離脱することもできます。このダイナミックさが生命を支えているのです。細胞膜がポリエチレンラップのような物だったら、生命を維持することはできないでしょう。

●細胞膜の構造

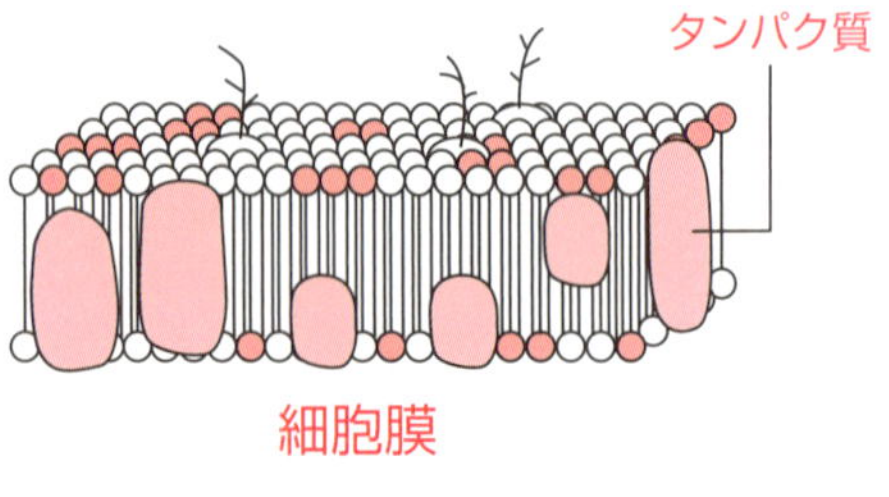

SECTION 17

分子膜と医療

細胞膜が分子膜の一種であることからの当然の連想は、分子膜を医療技術に応用できないかということです。実際にいくつかの研究が行われています。主な例を見てみましょう。

DDS（薬剤配送システム）

抗ガン剤はガン細胞を攻撃する薬剤です。ガン患者が抗ガン剤を飲むと、薬剤は血流に乗って全身を巡り、ガン細胞に行き当たったときにガン細胞を攻撃します。

しかし、抗ガン剤はガン細胞だけを攻撃するわけではありません。健常な細胞をも攻撃してしまいます。その結果、吐き気、悪心、脱毛などという抗ガン剤特有の副作用が現われます。

DDSの原理

これでは、高価な薬剤が無駄に消費されるので経済的にも困った話です。このような副作用を無くすにはどうしたらよいでしょうか？　それは、薬剤をガン部位にだけ選択的に送り届ければ良いのです。その様なシステムを薬剤配送システム、DDS（Drug Delivery System）と言います。

これの原理的なものは次の例です。微小なマイクロカプセルの中に抗ガン剤とともに少量の鉄粉を入れます。次に患者を手術してガン細胞の近くに磁石を埋め込みます。患者がカプセルを飲むとカプセルは血流に乗って全身を回りますが、磁石の近くに来ると磁石に吸い寄せられ、その近傍に留まります。そのうちにカプセルが溶けて中の抗ガン剤が外に出ると言うわけです。

分子膜とDDS

分子膜として利用するのは、細胞膜と似た構造をもつベシクルです。この中に抗ガン剤を入れるのです。しかし、これだけではベシクルをガン細胞に送り届けることはできません。そのために利用するのが、ガン細胞の細胞膜に埋め込まれている膜タンパク質です。これはガン細胞特有のタンパク質です。これを取り出してベシクルの膜に埋め込みます。

すると、このタンパク質がアンテナの役をしてベシクルをガン細胞に導いてくれるのです。

●分子膜とDDS

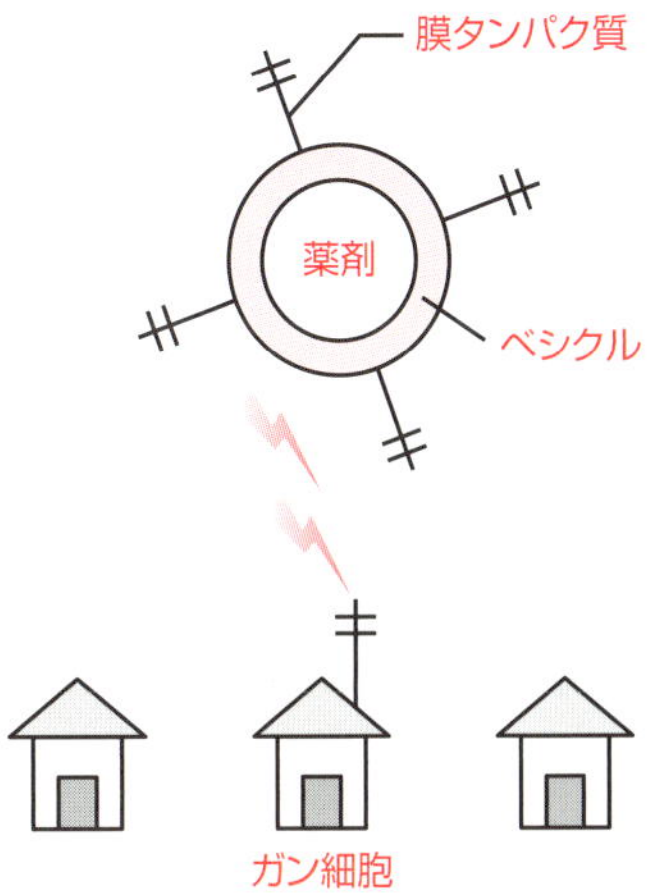

抗ガン剤

ベシクルを抗ガン剤の運び役として利用するだけでなく、抗ガン剤そのものとして働かせようとの試みもあります。

それはタンパク質の活性作用を阻害するものです。タンパク質の働きは、体を動かす筋肉としての働きだけではありません。生命活動において筋肉の機械的作用は、ほんの微々たるものに過ぎません。

酸素を細胞に届ける、つまり呼吸作用の本質はタンパク質であるヘモグロビンが担当します。生化学反応を支配する酵素はタンパク質です。個人の個性を作るのもタンパク質です。そして、そのタンパク質を作る設計図がＤＮＡであり、その設計図に従ってタンパク質を作るのが、またタンパク質なのです。この辺の複雑な事情は後の章で見ることにします。

とにかく、生命活動を営むためにはタンパク質が重要なのです。そしてそのタンパク質の多くは細胞膜上に存在するのです。

細胞膜とタンパク質

前項で細胞膜の構造を見ました。細胞膜にはいろいろの夾雑物が存在し、その1つとしてタンパク質がありました。

❶タンパク質と境界脂質

タンパク質は生命、すなわち細胞の活動を保証するものです。このタンパク質が無くなったら、細胞は活動を停止する、すなわち、死んでしまいます。

細胞膜に存在するタンパク質は周囲を固有の脂肪分、脂質で囲まれており、この脂質を境界脂質と言います。境界脂質は各タンパク質固有の構造を持っています。

❷境界脂質を持ったベシクル

境界脂質は、化学的には単純な物質です。どのような境界脂質であろうと、合成するのは簡単なことです。

まず適当なベシクルを合成します。その分子膜に境界脂質を埋め込んだダミー細胞を作ります。そのダミー細胞をガン細胞の近くに置くのです。すると、ガン細胞の膜タンパク質がダミーに移動してくるのです。

膜タンパク質を失ったガン細胞は、生命活動の担い手を失ったことになります。つまり、ガン細胞は生命活動を続行することができません。「ガン細胞の死」＝「ガン治癒」です。

これが分子膜、ベシクルを利用した抗ガン剤のコンセプトです。ベシクルは抗ガン作用を持ちます。しかし、そのベシクルを作る両親媒性分子には抗ガン作用はありません。

「分子自体には無い作用が、集合体になることによって発現する」これこそが、分子集合体としての働きの真骨頂と言えるのではないでしょうか?

人工ワクチン

人類の歴史は病気との闘いと言って良いのではないでしょうか? 人類は長いこと、願いや祈り、まじないによって

●ベシクルの抗ガン剤

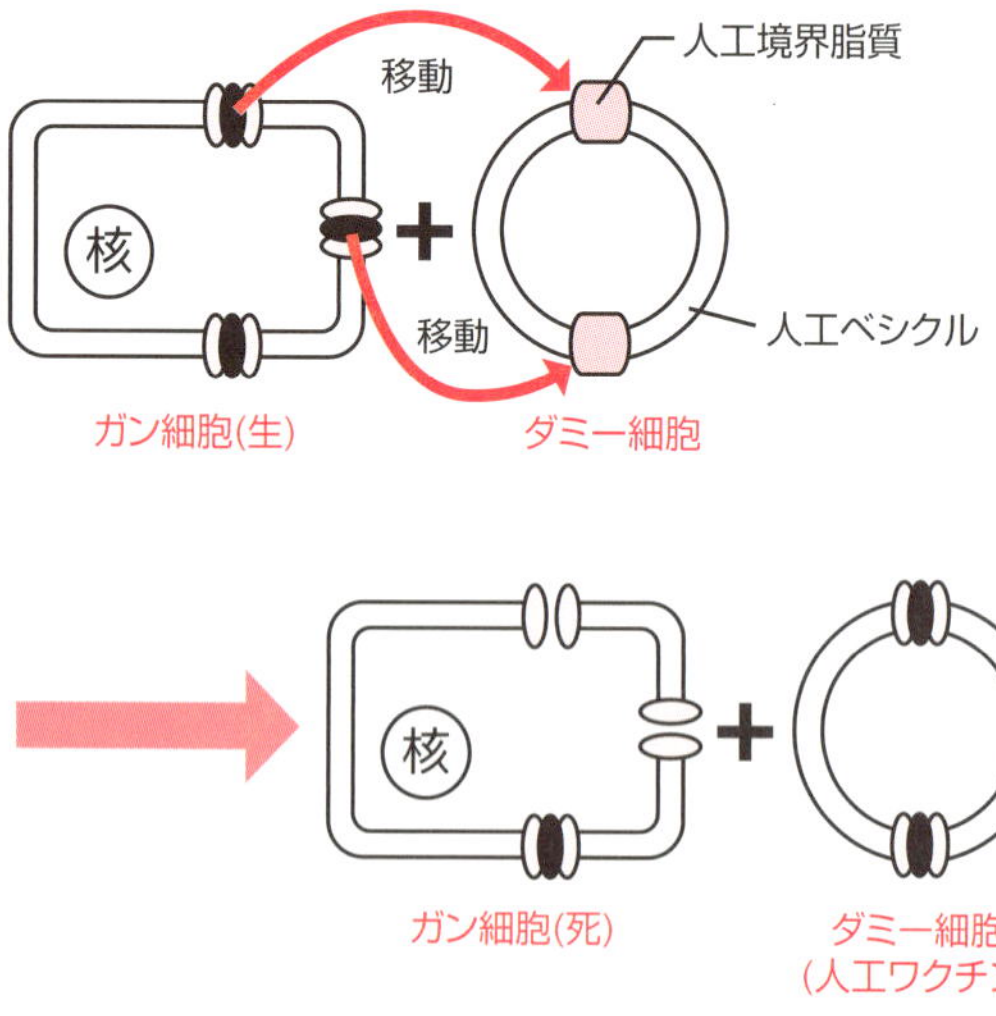

病魔を屈服しようとしました。しかし、それではかなわないことを知り、薬物で対抗することを学びました。しかし、それでもかなわないものに対して、対抗手段を開拓したのがジェンナーでした。彼は病魔を弱らしたものを人体に入れると、人体が病魔に対抗する力を手にすることを証明したのです。これが種痘であり、ワクチンであり、天然痘撲滅のスタートだったのです。

ガンタンパク質の移動

前項で、ガン細胞の近傍に、ガン境界脂質を持ったダミー細胞（ベシクル）を置くと、ガン細胞の膜たんぱく質がダミー細胞に移動し、ガン細胞が死滅することを見ました。

それでは、ガン細胞膜タンパク質を受け入れたダミー細胞はどうなるのでしょうか？　もちろん、細胞核を持っていませんから、細胞分裂のしようがありません。つまり、決して細胞ではありません。しかし、ガン細胞固有の膜タンパク質を持っています。つまり、多少なりともガン細胞の性質は持っているのではないでしょうか？

ということは、ジェンナーの種痘と同じように使えるのではないでしょうか？

ベシクルと人工ワクチン

このダミー細胞（人工ベシクル）をガンワクチンとして使うことができるのではないかという研究が行われています。もちろん、このワクチンのコンセプトは他の病原菌に対しても応用可能です。

現代社会は予防医学無くしては成立しません。そして、予防医学の最大の武器は予防注射、ワクチン注射と言って良いでしょう。しかしそのワクチンは動物、あるいは卵などの生物を利用して作られるものです。生物間には、神様が作ったと思われる境界、免疫の壁が存在します。ワクチンによる各種の障害発生は、残念なことに無くなりません。そのたびに、不幸な子供たちを生んでいます。

この壁を乗り越えるには生物の壁を乗り越えるしかありません。そのためには、無生物、すなわち化学物質が大切になるのではないでしょうか？

近い将来、全てのワクチンは人工ワクチンに切り替わり、生物ワクチンによって障害を受ける、気の毒な子供たちのいない社会になるのではないでしょうか。

SECTION 18

分子膜と感覚器官

分子膜が大きな可能性を開こうとしている領域に感覚器官があります。人間には視覚、聴覚、触覚、味覚、嗅覚の五感があると言われます。このうち、味覚、嗅覚は細胞膜が直接関与していると言われます。細胞膜の原初的なモデルである細胞膜を用いることによって、味覚と嗅覚を人為的に再構築できるのではないかということで、研究が進展し、既に実用化の域に達している分野もあります。

味覚と分子膜

人間は味覚を舌の表面にある味細胞によって知覚します。

●味細胞

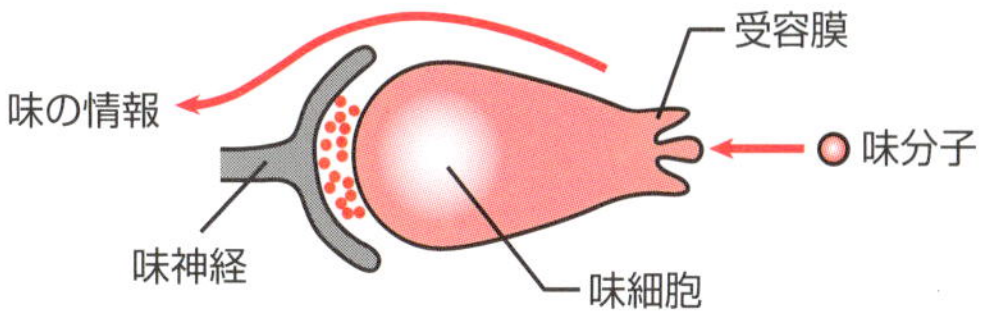

味細胞は図のような形をしています。味分子が味細胞の先端にある受容体に付着すると固有の刺激が発生し、その刺激を神経細胞を通じて脳に送り、味の種類や濃度を検知していると言います。

膜電位

分子が細胞に付着すると言うのは、分子が細胞膜に付着すると言うことです。分子が細胞膜に付着することによって起こる変化として考えられるのが膜電位です。

ガラス容器を適当な膜によってA室とB室に仕切ります。A室に標準溶液を入れ、B室に測定溶液を入れます。A室とB室に電極を入れ、両電極間の電位差を計ると電位差を示します。この電位差(膜電位)は、測定溶液によって変化するだけでなく、両室を仕切る膜によっても変化します。

●膜電位

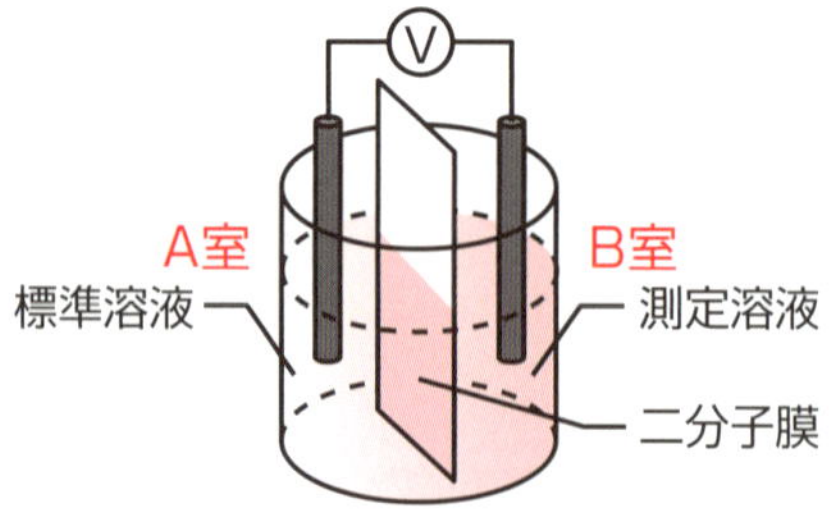

膜による電位差変化

適当な両親媒性分子を用いて8種類の分子膜を作ります。これらの膜を用いてガラス容器を仕切り、8個の測定装置を作ります。この装置で測定溶液として食塩水を用いて、それぞれの容器が示した電位差を折れ線グラフであらわしたのが図1のNaClです。測定溶液をKCl、KBrに換えたグラフがそれぞれKCl、KBrです。3本の線はよく似たパターンを示しています。NaCl、KCl、KBrは、いずれも人間にとって塩辛く感じられます。つまり、塩辛い物質はこの装置で測定すると、このような特有なパターンを示すのかもしれません。

●膜による電位差変化

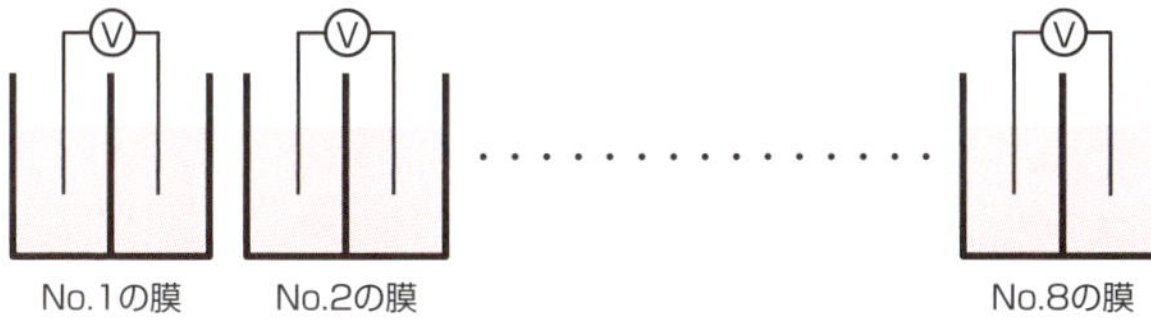

図1 塩味

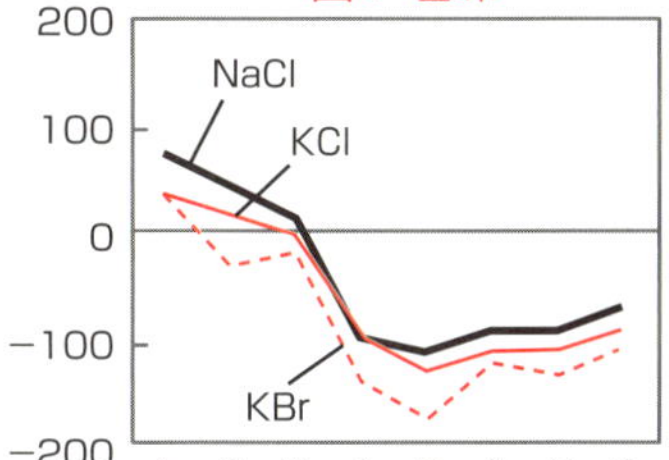

味によるパターン変化

図2は酸味を感じる物質を測定したグラフです。これも、膜2のデータを除けば他の7種のデータは似たパターンを示しています。図3はうま味に関する測定グラフです。これも似たパターンを示します。

これらのグラフを見ると、味によって固有のパターンを示すように見えます。つまり、味のわからない物質をこの測定にかけ、そのパターンがどうなるかを検討すれば、その物質がショッパイのか、スッパイのか、それともウマイのかがわかるように思えます。

しかし、批判的な眼で見れば、これらの物質は化学的な同族体です。ショッパイサンプルは皆アルカリ金属のハロゲン塩で、化学的には同じようなものです。ウマイサンプルも全てアミノ酸です。これでは似たよ

●味によるパターン変化

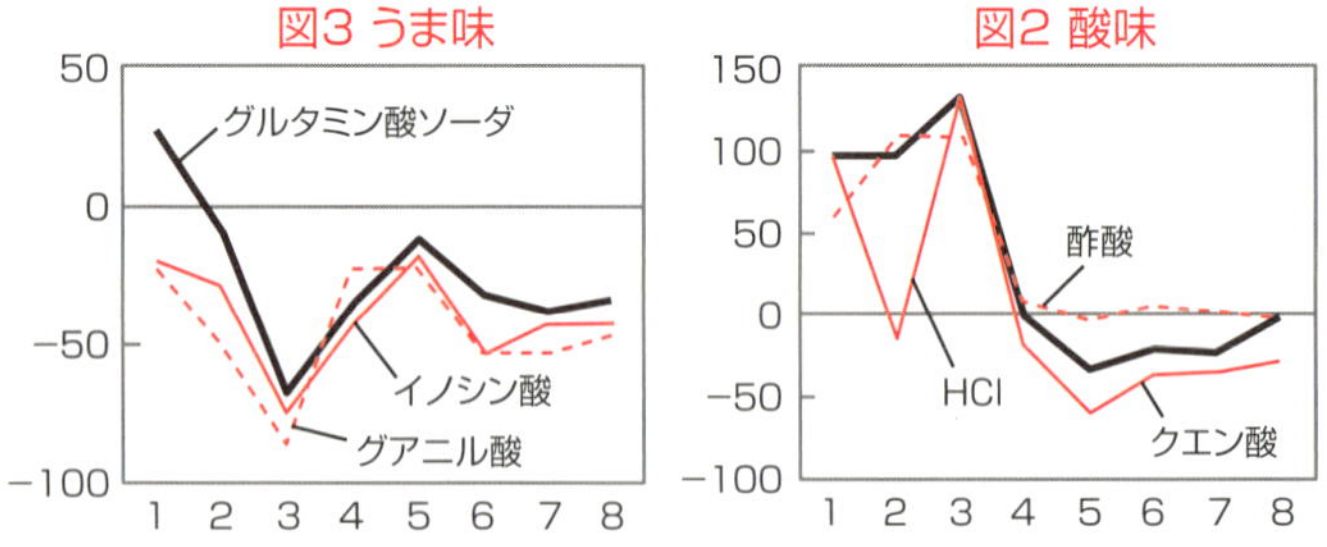

うな膜電位を示すのは当然と言われそうです。

しかし、図4を見てください。これは苦味のサンプルのデータです。サンプルは有機物、無機物が混じっています。2つの有機物の間にも構造的な関連はありません。あるのは、人間にとって苦みを感じると言うことだけです。

図4のデータによって、この装置のパターンは人間の味覚を再現していると言うことができることになります。これを精細にした装置は食品企業の品質管理に用いられています。

嗅覚と分子膜

匂いを感じとる感覚器官、嗅覚細胞は、匂い分子が嗅毛に付着すると刺激が発生し、それが

●苦味のサンプルのデータ

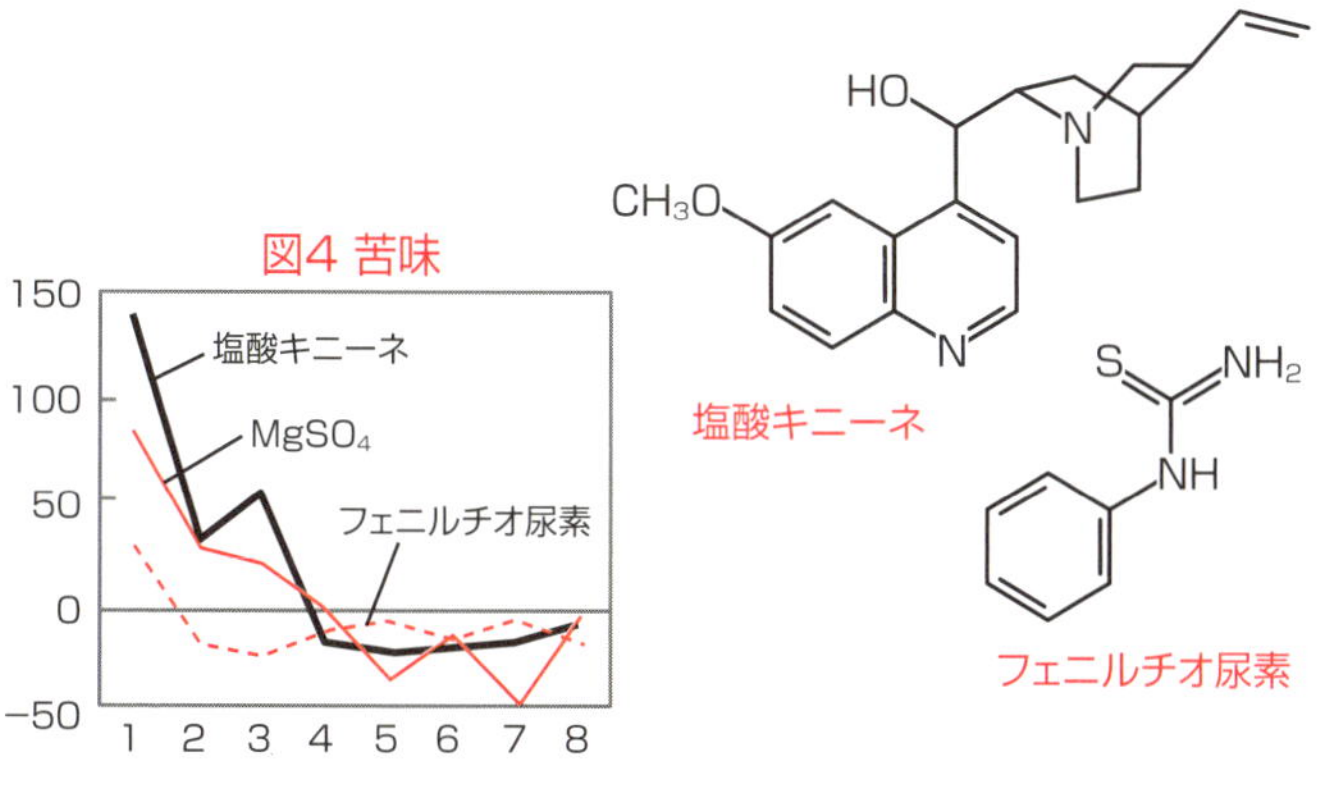

神経線維を通って脳に行きます。

においい物質の測定には、図のような水晶版の周囲を分子膜で覆った水晶発振体を用いた装置を用います。膜に匂い物質が付着すると振動子の振動数が変化します。その測定値を統計処理したグラフが図のグラフです。5種類の柑橘類としてレモン、グレープフルーツ、2種類のオレンジ、それとライムが画然と区別されています。

この装置と解析テクニックを改良進化させれば、匂いの識別を人工的に行うことは確実に可能でしょう。

●水晶振動子センサーと分析結果

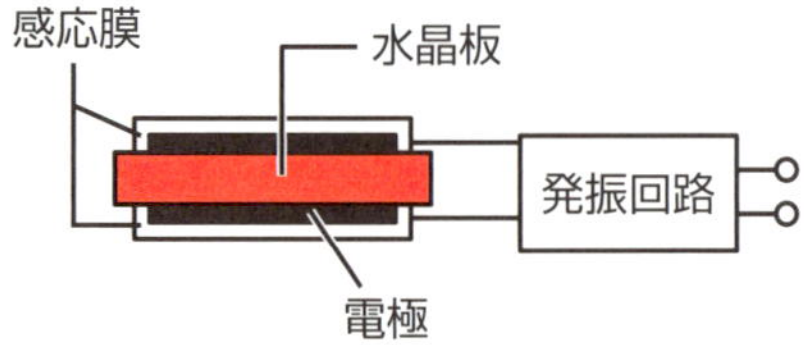

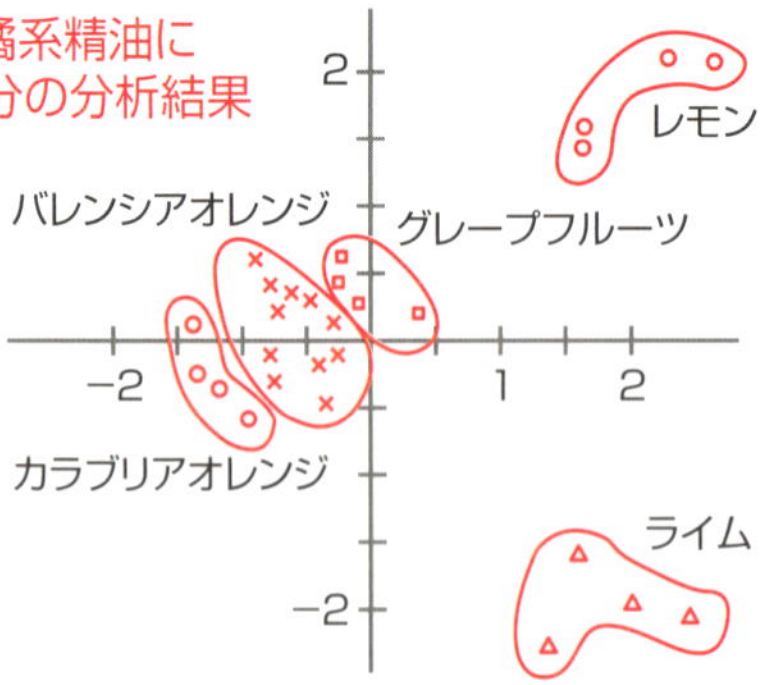

Chapter. 5
有機超伝導体

SECTION 19

伝導体

物質には電気を通す伝導体と、通さない絶縁体があります。金属は伝導体であり、有機物の多くは絶縁体です。

ところが、現代では伝導性高分子で代表されるように、有機物で電気を通すものが開発されています。それどころではありません。有機物で超伝導性を示す有機超伝導体まで開発されているのです。

電流

電流というのは電子の流れです。電子がA地点からB地点に流れた時、電流がBからAに流れたと定義されています。電子と電流で向きが逆になっているのは電子の電荷が−(マイナス)だからと言われています。

したがって、伝導体というのは電子が移動しやすい物質であり、絶縁体というのは電子が移動できない物質ということになります。

金属の構造

伝導体の典型と言えば金属です。金属は金属原子が金属結合で結合した物質です。金属結合を作る際には、金属原子は価電子を放出して＋に荷電した金属イオンになります。放出された価電子は自由電子となって自由に動き回ります。

金属の固体は結晶であり、そこでは金属イオンが三次元に渡って整然と積み重なっています。そして、その金属イオンの周囲に自由電子が漂います。

＋に荷電した金属イオンと－に荷電した電子の間には静電引力が発生します。この結果、金属イオンは自由電子をあたかも糊のようにして、互いに結合することになります。これが金属の結合状態です。

自由電子

自由電子は、どれか特定の金属イオンに属すると言うことはありません。金属結晶の中を自由に動き回ります。金属の伝導度は、この自由電子の移動によるものです。それに対して有機物、ガラスなどには自由電子がありません、そのため伝導性が無いのです。

伝導度の温度変化

電流の流れやすさを表す指標を伝導度と言います。金属の伝導度は金属の種類によって変わります。最も高い伝導度を誇るのは銀Agです。また温度によっても変わります。電子が移動しやすければ

●伝導度の温度変化

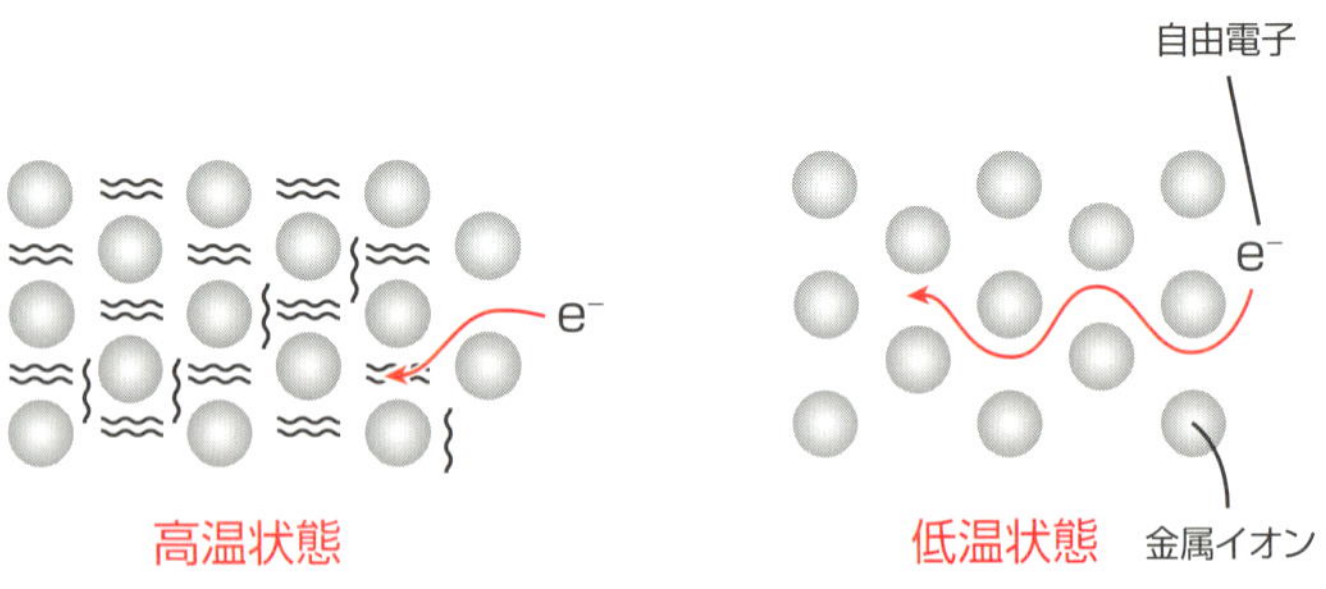

ば伝導度が高く、移動しにくければ伝導度は低くなります。

自由電子は金属イオンの脇を通って移動します。金属イオンが騒いで邪魔をしたら電子は通り難くなり、伝導度は下がります。結晶状態の金属イオンが騒ぐと言うのは、金属イオンが熱振動することを意味します。

振動の激しさは絶対温度に比例します。温度が高くなれば振動は激しくなり、電子は通り難くなって伝導度は落ちます。反対に低温になれば振動は穏やかになり、電子は移動しやすくなって伝導度は上がります。これが金属の電気伝導の大きな特色です。

SECTION 20

超伝導

金属は温度低下とともに伝導度が上昇します。反対に電気抵抗は低下します。

超伝導状態

図は金属の伝導度の温度変化です。ところがある温度、臨界温度Tcになると、抵抗値は不連続に変化して0になります。それと同時に伝導度は無限大になります。一般に臨界温度は絶対温度数度（数Kケルビン）です。

この変化は、抵抗値が徐々に減少して0になると言うものではありません。その様な変化なら普通の「連続的な変化」です。「不連続変化」というのは、現象が突如変化するのです。

不自然な変化と思うかもしれませんが、自然界には、このような変化もあります。

水が氷になる変化はこのような変化です。水を冷却しても、0℃になるまでは何の変化もありません。ところが0℃になった途端に、液体が固体に変化します。これは不連続の変化です。生物が死ぬのも不連続変化と言えるでしょう。

超伝導状態が現われるのも、次項に見るパイエルス転移も、突如として変化する不連続変化なのです。この現象を発見したのはオランダの科学者オンネスで1911年のことでした。この時オンネスが用いた金属は水銀であり、臨界温度は4・2Kでした。オンネスはこの功績によって1913年に、現象発見以来異例の速さでノーベル物理学賞を受賞しました。

●超伝導状態

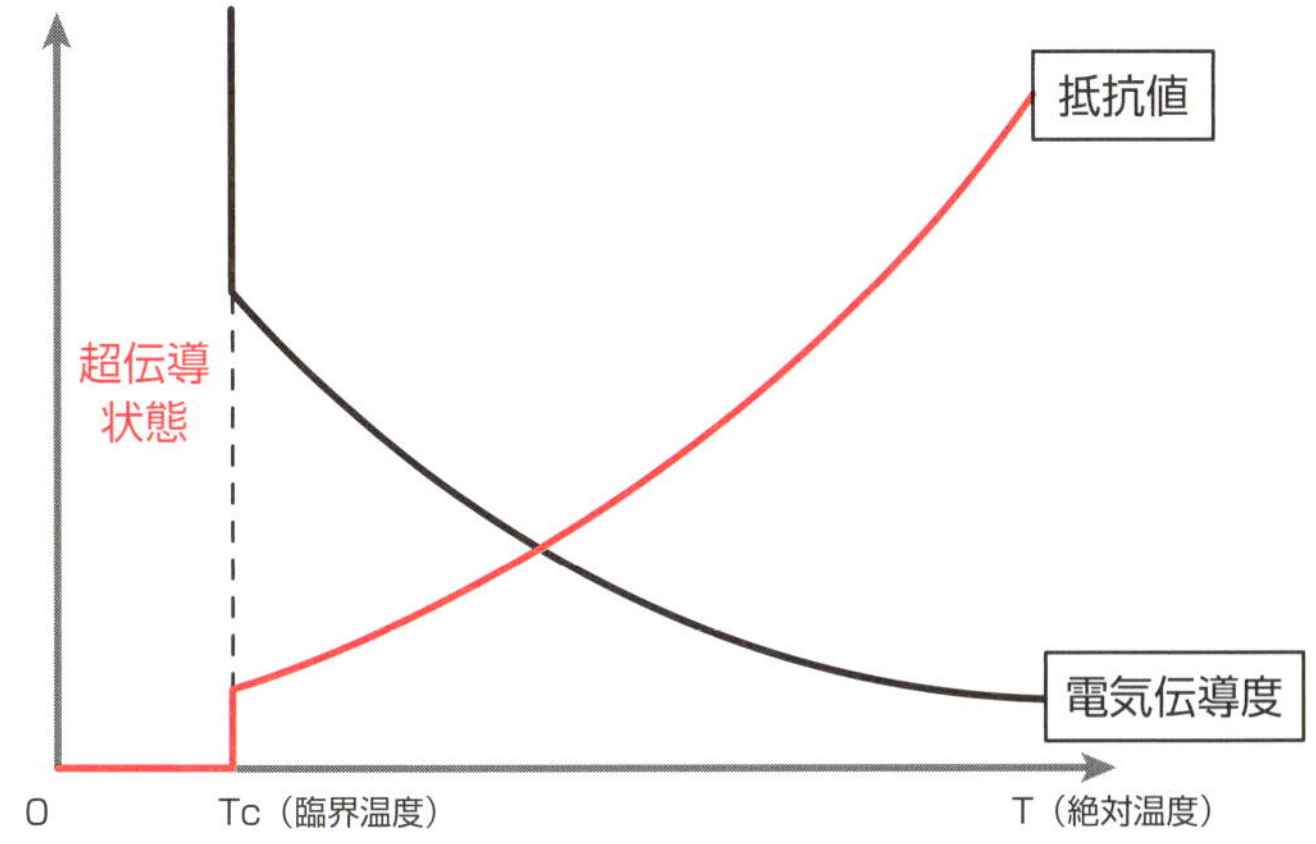

超伝導現象の利用

オンネスの発見した、伝導度無限大、電気抵抗0の状態を超伝導状態と言います。超伝導状態ではマイスナー効果などいろいろの現象が起こりますが、最も実用的なものは電気抵抗＝0、すなわち、コイルにジュール発熱無しに大電流を流せると言うことでしょう。これを電磁石に応用したら超強力な電磁石が可能になります。

これが超伝導磁石であり、リニア新幹線で車体を浮かせるとか、脳の断層写真を撮るMRIに使うとか、現代科学で欠かせないツールとなっています。

しかし、問題は臨界温度が低いことです。現在実用化されている金属は軒並み臨界温度が10K程度です。これでは液体ヘリウム（沸点4K）が無ければ超伝導は使えません。しかし、ヘリウムはアメリカでしか産出されず、レアメタル並みに貴重な資源です。空気中に含まれるとは言っても、それを取り出すには、莫大な電力を必要とします。

何とか液体窒素（沸点77K）温度で超伝導状態になる物質はできないものかと、現在世界中の科学者がしのぎを削っています。

SECTION 21

有機超伝導体の作製

有機超伝導体とは、有機物の超伝導体です。絶縁体であるはずの有機物が、電気を通すだけでも大変なのに、それが超伝導体になるとはどういうことなのでしょうか?

電荷移動錯体

原子の中には金属原子のように電子を放出して+の電荷を帯びやすいものと、酸素や塩素のように電子を受け入れて−の電荷を帯びやすいものがあります。有機分子の中にも電子を放出して陽イオンになりやすいもの、電子供与体D(Donor)と、電子を受け入れて陰イオンになりやすいもの、電子受容体A(Accepter)があります。

この2種類の化合物を一緒にすると、DからAに電子が移動し、D^+とA^-になります。このイオンのペアを電荷移動錯体と言います。

交互積層型と分離積層型

電荷移動錯体の結晶を作ると、Ⅰ型の結晶を作るものと、Ⅱ型の結晶を作るものがあります。Ⅰ型はAとDが交互に積み重なっており、交互積層型と呼ばれます。それに対してⅡ型ではAはA、DはDで積み重なっており、分離積層型と呼ばれます。

実験の結果、分離積層型では電流が流れることがわかりました。積み重なったDのカラム、Aのカラムを貫くように電流が流れるのです。

有機超伝導体を本書で取り上げた理由はここにあります。つまり、有機超伝導体は、有機分子が集合しなければ発現せず、しかも、その集合状態は特別の集合状態でなければならないのです。

●交互積層型と分離積層型

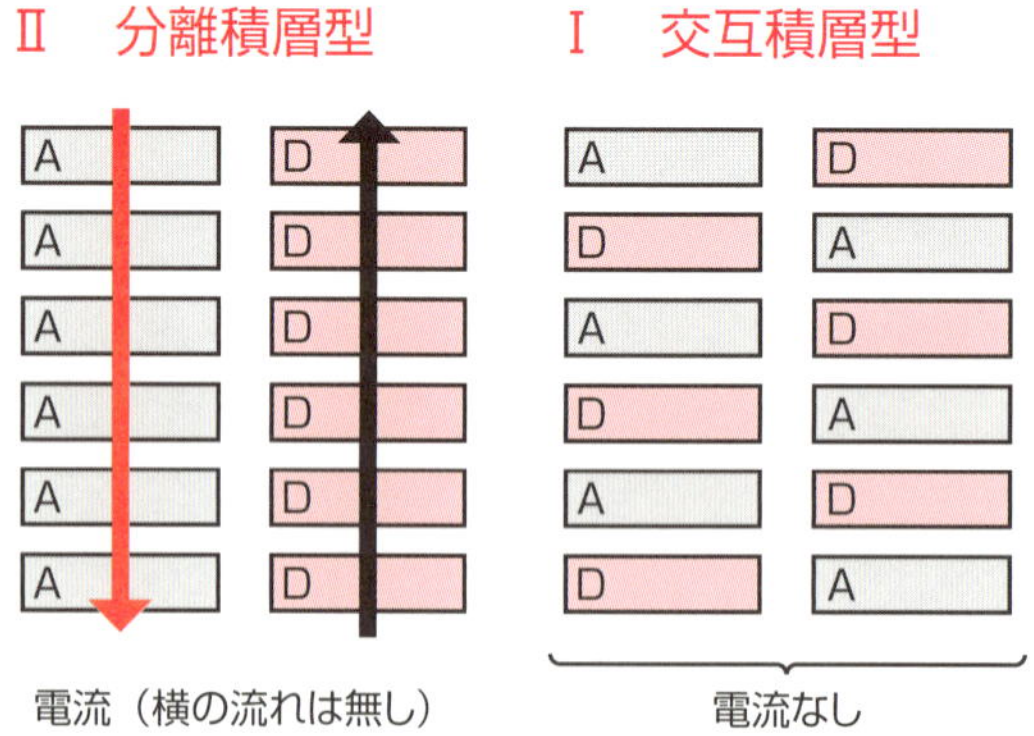

交互積層型の集合状態では伝導性は発現しないのです。

このように、分子の集合状態、結晶の形（結晶構造）によって物性が変化する現象は最近多方面で発見されています。それに伴って、結晶構造を人為的に操る結晶工学という研究分野も確立しています。

電子供与体と電子受容体の作製

有機化学者がいろいろと知恵を絞った結果、電子供与体としてはＴＴＦ、受容体としてはＴＣＮＱが良かろうと言うことになりました。

●TTF、TCNQの構造と単結晶X線解析図

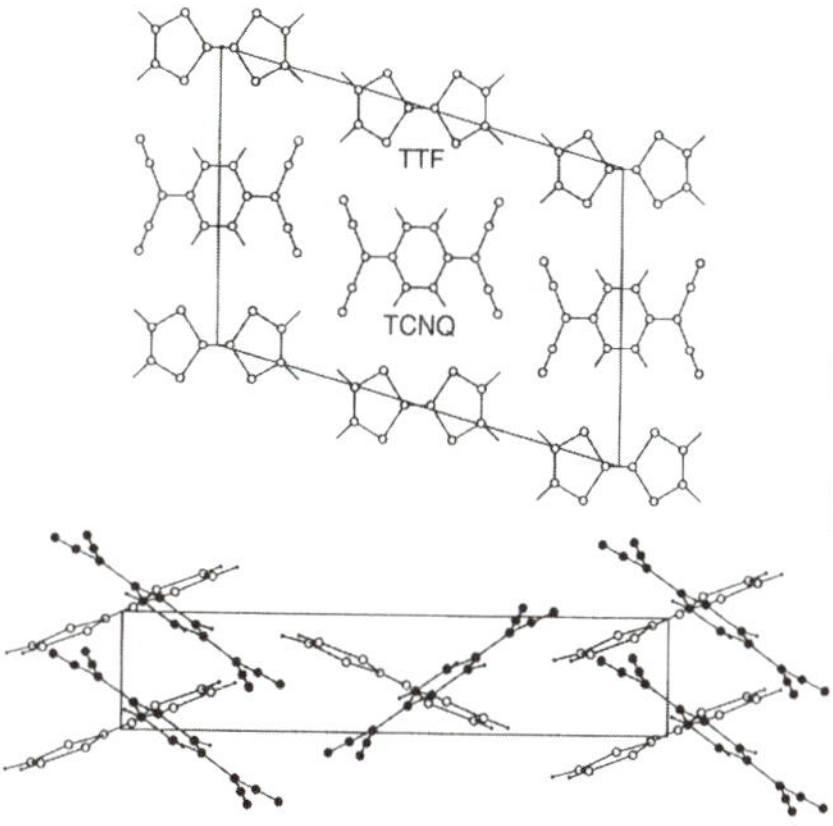

単結晶X線解析図

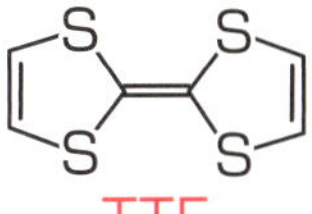

TTF

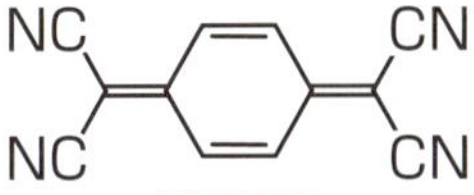

TCNQ

早速TTFとTCNQを合成し、これの電荷移動錯体を作り、結晶を作りました。その結晶構造の単結晶X線解析図が先の図です。幸いなことに、分離赤道方になっており、電流を流す伝導体であることが確認されました。

有機超伝導体の失敗

早速、超伝導性を試験することにしました。結晶に電極を繋いで伝導度を測定し、結晶の温度を冷やしていきました。すると、温度低下とともに伝導度が上昇していきます。上昇してそろそろ超伝導状態に突入するかと思った時、思わぬ変化が起こりました。

伝導度が突然不連続に変化し、0になってしまったのです。超伝導体作成は失敗に終わりました。

●伝導度のグラフ

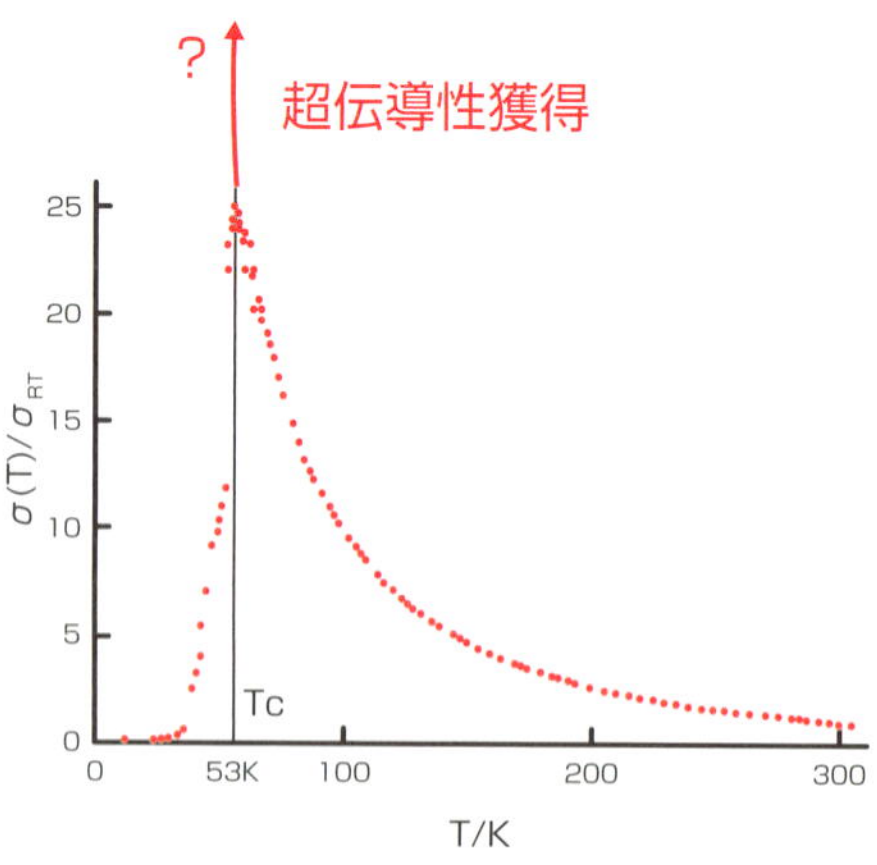

SECTION 22
有機超伝導体の完成

前項の超伝導体作成の失敗は、考えてみれば予想できたことでした。この現象はパイエルス転移と呼ばれる現象であり、一次元導体では必ず起こる現象だったのです。一次元導体というのは直線的、すなわち一次元方向にのみ電流が流れる導体です。

分離積層型結晶では、電流が流れるのはDのカラム内、あるいはAのカラム内だけです。横のコンタクトはありません。これがパイエルス転移の原因だったのです。

次元性の改良

これを回避するにはどうしたら良いのでしょうか？　それには一次元にしか流れない電流を二次元、三次元に広げる必要があります。これを次元性の改良と言います。

そのために考案されたのがヘテロ原子コンタクトの利用ということでした。ヘテロ原子と言うのは、炭素C、水素H以外の原子です。ヘテロ原子の中でも原子直径の大きなものは隣のカラムとのあいだで相互作用を起こすだろうと言うアイデアです。

このような考えで考案された分子がBEDT-TTFという供与体やBTDAという受容体でした。そして、これらの分子を用いて実験を行ったところ、見事に超伝導性が発現することがわかりました。現在では何十種類もの有機超伝導体が開発されています。しかし残念ながら、実用化にこぎつけるのはまだ先の話のようです。

その後の研究

実は有機超伝導体の研究には目を見張るよう

●二次元網目構造

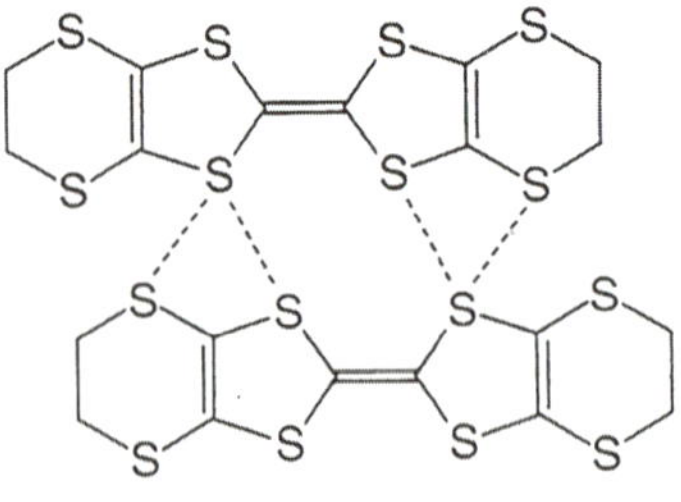

BEDT-TTF

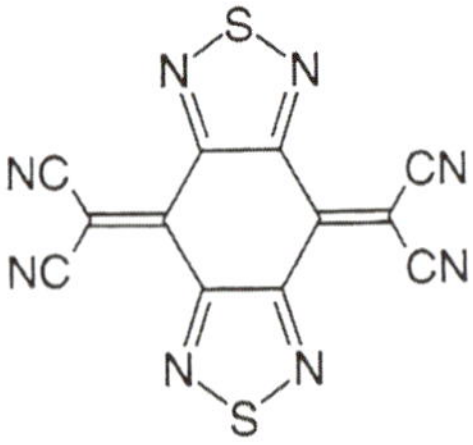

BTDA

な進展がありました。C_{60}フラーレンを用いた研究です。研究を行ったのはアメリカの大学で研究していた若いドイツ人科学者でした。

彼はフラーレンに金属を真空蒸着すると言う画期的なアイデアの下に研究を重ね、驚愕するような実験結果を次々に発表しました。それまでの有機超伝導体の臨界温度が10K程度で留まっていたのが一挙に100Kにも達しました。

●三次元網目構造

C_{60}フラーレン

この研究を追試(確認実験)した研究者もいましたが、失敗しました。しかし、その学者は「私が失敗したのは、私の実験技術が下手だったからだ。彼は、やはり超一流の学者だ」と思って納得したと言います。それほど、その若い学者は皆の尊敬を受けていたのです。

ノーベル賞間違いなしと思われていたころ、ある学者が自分の眼を疑いました。なんと、若い学者が論文に掲載した2枚のスペクトル画像において、ベースラインが完全に一致していたのです。スペクトルのベースラインは不規則なノイズのために、細かく不規則に凸凹しています。この凸凹に同じ物はありえません。

若い学者は偽の実験を行い、偽の報告を書いていたのです。これを機に、有機超伝導体の研究は潮が引くように下火になりました。同じ頃、韓国でも幹細胞の研究でノーベル賞間違いなしと思われ、韓国の英雄とまで言われた生理学者がやはりエセ論文を書いていたことが判明しました。

最近、このようなエセ論文の話があちこちから聞こえてくるのは、研究界の構造的な原因によるものと考えざるをえません。

Chapter. 6
有機磁性体

SECTION 23

電子スピンと磁気モーメント

磁石になったり、磁石に吸いつく性質を磁性と言います。磁性を持つ物質を磁性体、持たない物質を非磁性体と言います。磁性はどのようにして表れるのでしょうか?

磁気モーメント

磁性が現われるのは磁気モーメントの発生によります。一般に電荷を持った物体が回転すると磁気モーメントが発生します。全ての物質は原子から出来ており、原子は1個の原子核と、水素原子を除けば複数個の電子を持っています。

原子の磁気モーメント

原子核は正に、電子は負に帯電した粒子ですから、原子には、この2つの荷電粒子に基づく磁気モーメントが発生します。しかし、原子核に由来する磁気モーメントは無視できるほど小さいので、通常は電子による分だけを考えれば十分です。

原子の電子は自転(スピン)をし、軌道を回転しています。したがって、全ての原子は電子のスピンと軌道回転による磁気モーメントを持っており、その意味で磁性体になるはずです。しかし、軌道運動による磁気モーメントは無視できるほど小さいので電子による磁気モーメントはスピンによる分だけを考えれば十分ということになります。結局、原子の磁気モーメントは電子のスピンによるものだけを考えれば十分と言うことになります。

●原子の磁気モーメント

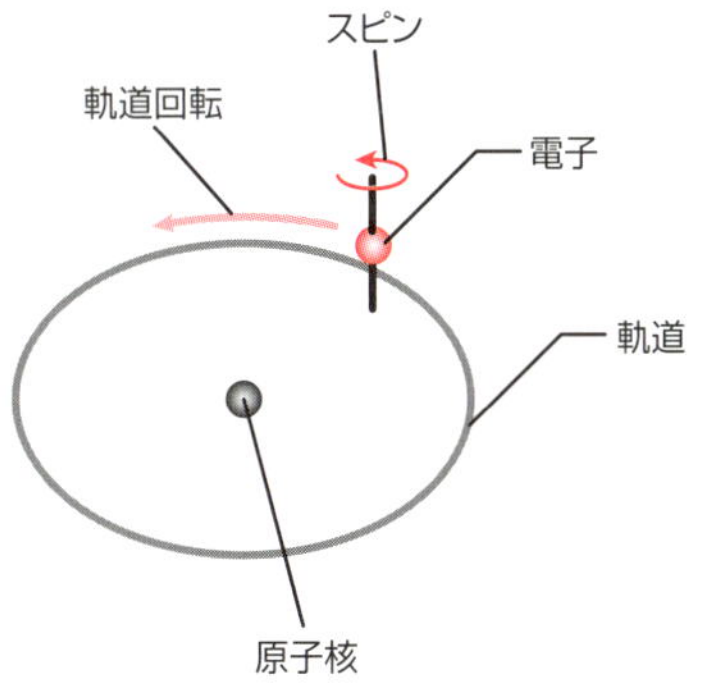

電子スピンと磁気モーメント

原子の電子は軌道に入ります。軌道の定員は2個であり、同じ軌道に2個までの電子が入ることができます。1個の軌道に2個で入った電子を電子対(電子)、1個しか入っていない電子を不対電子と言います。

電子対電子は互いにスピン方向を反対にしています。磁気モーメントはスピン方向に依存し、互いに逆向きになります。この結果、電子対電子の磁気モーメントは互いに相殺されて0になります。

したがって、原子が有効な磁気モーメントを持つかどうかは不対電子の存在にかかっていることになります。

●電子スピンと磁気モーメント

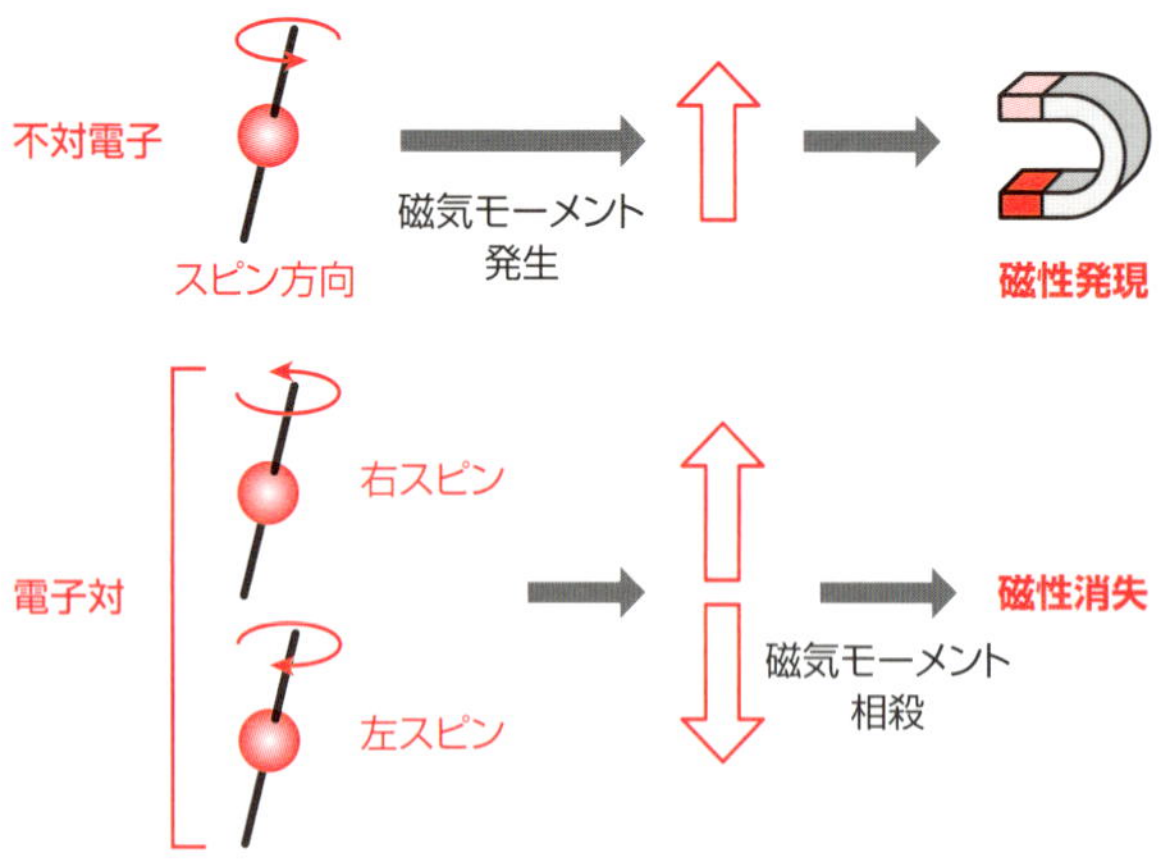

磁気モーメントと磁性

分子の磁性も原子の場合と同じように考えることができます。不対電子を持つ分子は磁気モーメントを持ち、不対電子を持たない分子は磁気モーメントを持たないことになります。

全ての物体は原子もしくは分子(微粒子)の集合体です。したがって物体が磁気モーメントを持って磁性を持つかどうかは、これら微粒子が磁気モーメントを持つかどうかにかかっています。それでは、磁気モーメントを持つ微粒子からできた物体は全て磁気モーメントを持って磁性を持つのでしょうか? 実はそれほど簡単ではありません。

磁気モーメントの配列

物体の磁気モーメントは、物体を構成する微粒子の持つ磁気モーメントの総和として表れます。したがって、個々の微粒子によるモーメントがどのように配列されているかが大きな問題となります。

❶常磁性体

個々の微粒子の磁気モーメントがバラバラの方向を向いている状態の物体を常磁性体と言います。この場合には微粒子の磁気モーメントは全体として相殺されるので、物体としての磁気モーメントは0となります。鉄が磁石に吸いつくのは、このような理由によります。鉄や酸素分子など、磁石に吸いつく物質は常磁性体です。

しかし、近傍に大きな磁気モーメントが来ると、それにつられて微粒子の磁気モーメントも一定方向を向くようになります。この結果、物体にも磁気モーメントが現われ、磁性を持つようになります。

●磁気モーメントの配列

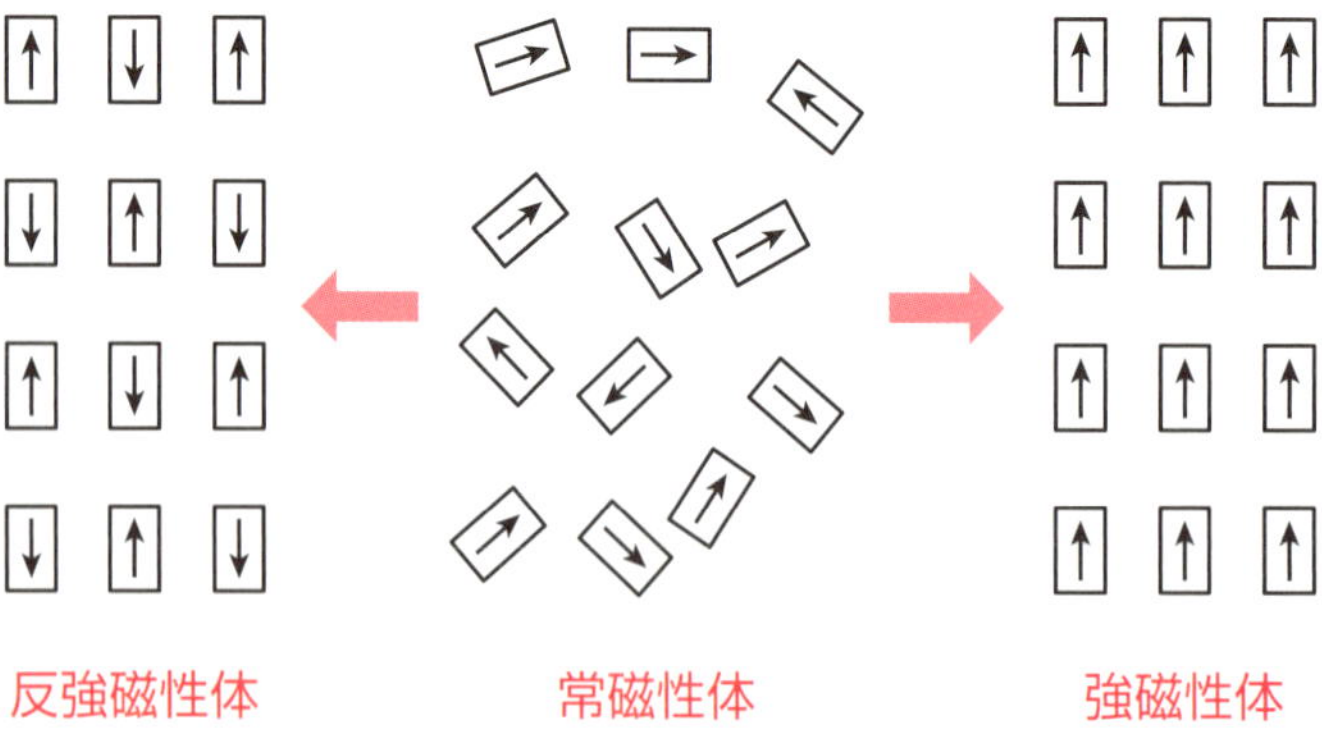

❷ 強磁性体

全ての微粒子の磁気モーメントが同じ方向を向いた場合には大きな磁気モーメントが発生し、大きな磁性が現われます。このような物体を強磁性体と言います。永久磁石がこの状態です。

❸ 反強磁性体

微粒子の磁気モーメントが2個ずつペアを組み、互いに反対方向を向くことがあります。こうなると先の電子対電子の場合と同様に、全ての磁気モーメントは相殺されて0になり、物体の磁気モーメントは0となります。このような物体を反強磁性体と言います。

SECTION 24

不対電子の創生

本章の主題である有機磁性体は有機分子で磁性を持ったもののことを言います。冷蔵庫に引っ付いているプラスチック製のマグネットは、磁石の粉末をプラスチックに練り込んだようなものであり、プラスチック（有機分子）が磁性を持っているわけではありません。では、有機分子に磁性を持たせるにはどうしたらよいのでしょうか？

有機分子の電子

有機分子は、水素原子の他は、その大部分の原子を周期表第2周期の原子を用いて作られています。第2周期の原子はd軌道電子を持っていません。そのため、結合に用いる価電子を除いた電子は全て電子対を構成しています。つまり、価電子以外の電子による磁気モーメントの発生はありません。

それではは価電子はどうなのでしょうか？　有機分子を構成する結合は共有結合です。共有結合は結合する2個の価電子が結合電子となって電子対を作っています。つまり、価電子も電子対を作っているのです。

このため、有機分子には不対電子が存在しません。これが、有機分子が磁気モーメントも磁性も持たない非磁性体であることの理由なのです。

不対電子の発生

有機分子であろうと何であろうと、不対電子さえ持てば磁気モーメントが発生する可能性があります。有機磁性体を作るための根本原理は、有機分子に不対電子を持たせることです。そのためにはどのような方法があるのでしょうか？

❶電子1個を取り去る

有機分子の総電子数は偶数個です。それを奇数個にして不対電子を作るには有機分子から1個の電子を取り去れば良いことになります。つまり、有機陽イオンR_2^+（R_2：

適当な有機分子）にすればよいのです。

❷電子1個を加える

上と反対に有機分子に電子1個を加えて有機陰イオンR_2^-にしても不対電子ができます。

❸一重結合を切断してラジカルにする

一重結合で結合した分子R_2（R−R）を分解して2個のRにします。この際、RとRを繋いでいた共有結合の2個の電子は、それぞれのRに1個ずつついていきます。この結果2個のラジカルR・が生成します。「・」はラジカル電子と呼ばれますがもちろん不対電子であり、磁気

●不対電子の発生

$2R - e^- \longrightarrow 2R^+$　陽イオン

$2R + e^- \longrightarrow 2R^-$　陰イオン

$2R \longrightarrow R\cdot + R\cdot$　ラジカル

$R = N_2 \longrightarrow N_2: + R:$　ラジカル

モーメントを持ちます。

❹ 二重結合を切断してカルベンにする

$R=N_2$のような有機分子からC=N二重結合を切断して窒素分子N_2を外すと、二重結合を構成する4個の結合電子がRとN_2に2個ずつ着いていきます。この結果できたR：を一般にカルベンと言います。

カルベンの2個の電子「：」は電子対を作ることもありますが、2個の不対電子として存在することもあります。後者の場合は、不対電子2個分の強さの磁気モーメントを持つことになります。

SECTION 25

不対電子の安定化

有機磁性体を作るためには、有機分子に不対電子を持たせなければなりません。不対電子を持たせるには前項で見たような各種の方法があり、難しいことではありません。問題はこれら、不対電子を持った有機分子の安定性です。安定に存在しない磁性体では実用になりません。

ところが、前項で見たイオン、ラジカル、カルベンは、どれも不安定で、反応系から取り出す(単離)ことは不可能なものばかりです。これを安定化するにはどうしたらよいのでしょうか?

立体的に防御する

分子の安定性には2つの意味があります。1つは文字通り不安定で、直ちに他の分子に変化する、あるいはいくつかの小分子に分解してしまうと言うものです。爆薬などはその様なものです。

反応活性体

もう1つは、それ自体としては安定なのだが、反応性が激しいと言うものがあります。これは安定なのですから、周りに何も無い、例えば宇宙空間に1個ポツンと置かれたら未来永劫そのまま存在し続けます。ただし、反応性が激しいので、周りに他の分子がいたら、直ちに反応して他の分子に変わってしまいます。例え自分と同じ分子でも反応して二量体、三量体になってしまうと言うものです。

イオン、ラジカル、カルベンの多くは後者の意味で不安定なものです。そのため、反応活性体と呼ばれることがあるくらいです。このような分子を安定に存在させるには2通りの方法があります。

隔離する

1つは不対電子を持った反応活性分子を他の分子から隔離することです。そのためには反応性の無い溶媒の中に溶かしておくことです。もちろん、自分同士でも反応しますから、濃度は極力低く抑えます。しかし、これでは実用の役に立ちません。

もう1つは、分子構造のうち、反応活性な部分を覆ってやることです。イオンならC^+、C^-、ラジカルならC・、カルベンならC：となっている炭素の周りを、反応しない原子団で覆ってやるのです。つまり、小鳥を鳥籠に入れるように、反応活性な炭素を鳥籠のような原子団で覆うのです。

このようにして、普通ならば10^{-9}秒ほどの極短時間しか存在できないカルベンを1週間ほど保存した例もあります。

結晶工学の応用

もう1つの方法は、結晶における分子の並び方を制御して、分子や活性中心が近づくのを避けることです。図1の分子は5員環部分にラジカルがあります。したがって、結晶中で5員環部分が近づくと、ラジカル部分が反応してラジカル電子が喪失する可能性があります。

図2の分子は分子1の置換基R部分をメチル基CH_3にしたものです。図はその結晶中の分子配列を示したものです。5員環同士が接触していることがわかります。これは有機磁性体としては望ましくない結晶構造です。

図3の分子はRをC_4H_9と大型の置換基にしています。その結果、結晶中においては6員環同士が接触し、5員環同士の接触は無くなっています。有機磁性体として採用すべき結晶はこちらということになります。

●結晶における分子の並び方

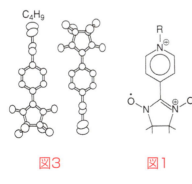

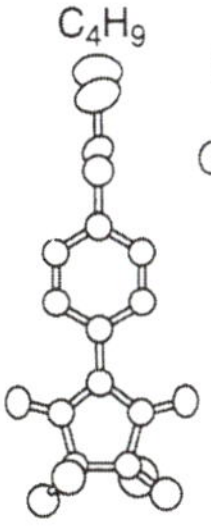

図3

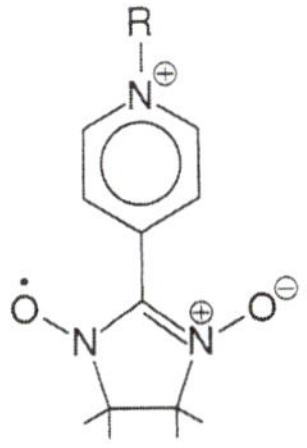

図1

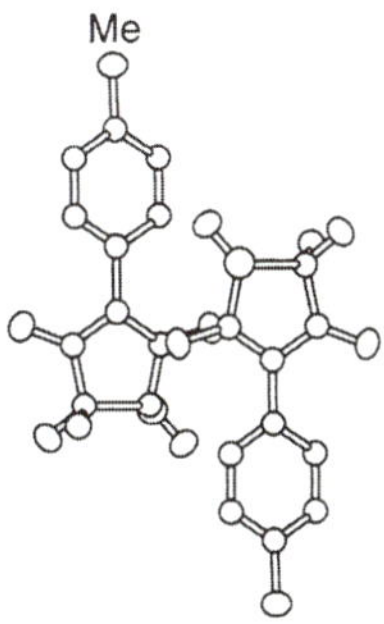

図2

SECTION 26

有機磁性体の完成

有機磁性体の完成にはいくつかの難関があります。1つは安定な有機ラジカルを作ることです。これは前の項目で見た通りです。もう1つは、分子の磁気モーメントを同一方向に揃えることです。

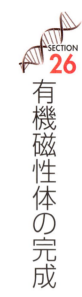

磁気モーメントの方向制御

2分子ずつペアを組んで磁気モーメントを相殺させたら、分子1個としては磁性を持つが、物質全体としては磁性を持たない反強磁性体ということになってしまいます。もし、磁気モーメントがバラバラの方向を向いたら、常磁性ということになってしまいます。これでも、磁石に吸い着く有機分子としての価値はありますが、できたら永久磁石のようにしたいものです。そのためには磁気モーメントの方向を揃えなければばなりません。

磁気モーメントの方向は分子の方向とは関係ありません。電子スピンの方向です。これを制御するためには。結晶を構成する分子の間で電子的な相関作用を持つことが必要になります。この相関作用は微妙です。強磁性体も反強磁性体も、スピン方向に規則性があります。それは分子間に相互作用が存在することを意味します。その相互作用を、強磁性体に有利なように制御するというのは困難です。試行錯誤です。

ラジカルの成功例

図は、前項の図1のラジカルを用いた実験

●ラジカルの実験結果

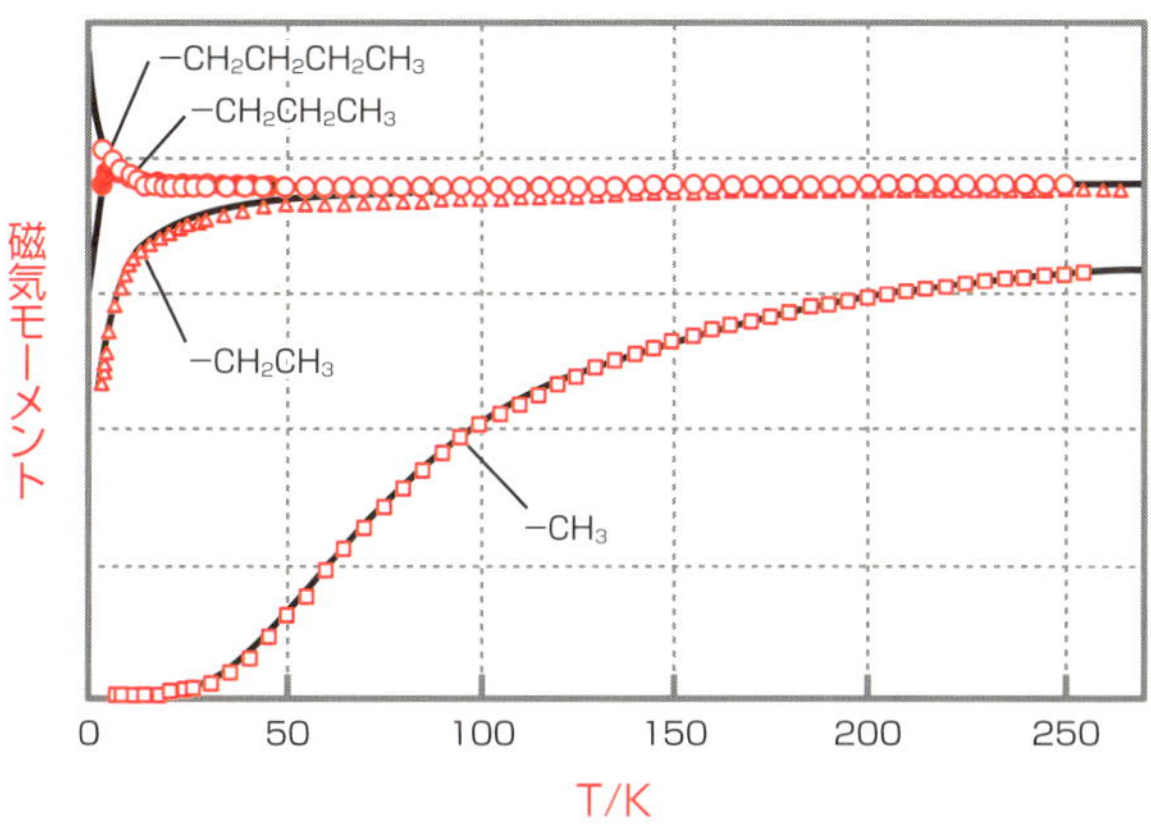

結果です。置換基Rをいろいろ変えて磁気モーメントを測定しました。グラフはその結果を表したものです。

温度を変えて測定すると、置換基がCH_3の場合には、値は減少を続け、ついには0になってしまいます。これは温度を下げると反強磁性相互作用が強くなり、ついには全ての電子が対をつくってしまったことを意味します。

それに対してC_4H_9の場合には温度が低下しても安定であり、ついに液体ヘリウム温度で強磁性相互作用が現われています。有機磁性体の完成です。このような例としては他にも図の分子1、2などが知られています。

●ニトロニルニトロキシドとジアザアダマンタン

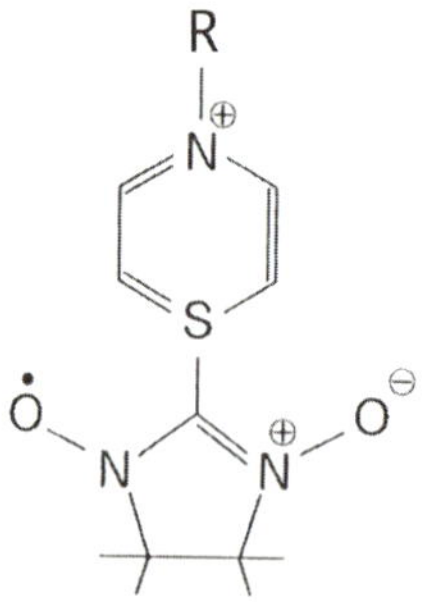

ニトロニルニトロキシド

分子1

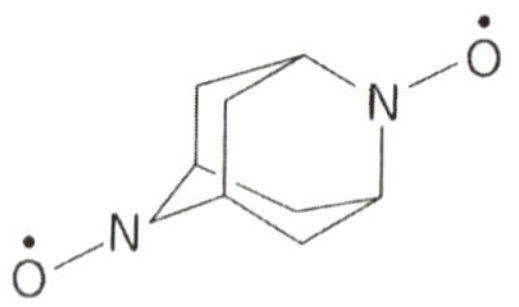

ジアザアダマンタン

分子2

電荷移動錯体の成功例

Chapter.5の「有機超伝導体」の解説で電荷移動錯体を見ました。

これはドナーDからアクセプターAに電子が移動し、D^+とA^-ができるものです。本章で解説したように、D^+もA^-も不対電子を持っています。ということは電荷移動錯体も有機磁性体になる資格を持っているということです。

グラフは、Dとして分子

●有機磁性体の実験結果

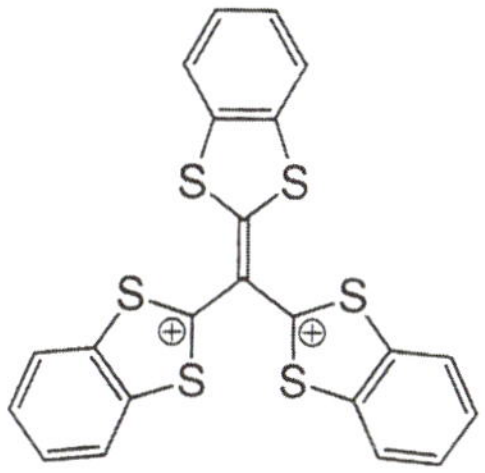

分子3

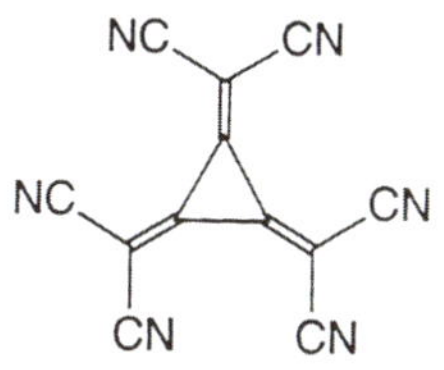

分子4

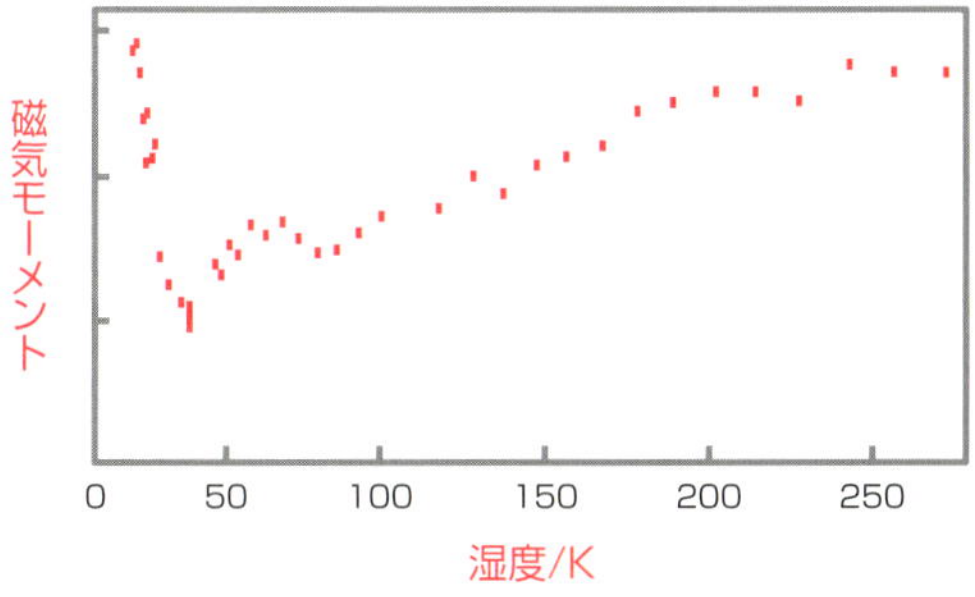

3、Aとして分子4を用いた実験例です。これも30Kほどで強磁性相互作用が発生して強磁性体になったことを示しています。

Chapter. 7
核酸の働き

SECTION 27

ＤＮＡの構造

生物の遺伝を司るのは、核酸という化学物質です。核酸にはＤＮＡとＲＮＡがあり、世代を超えて形質を遺伝するのはＤＮＡです。それに対してＲＮＡはＤＮＡをひな形として娘細胞で作られ、タンパク質を合成します。

核酸、特にＤＮＡと言うとその構造、二重ラセン構造に注意が向きますが、ＤＮＡで本当にすごいのは、その分裂と複製であり、また、ＲＮＡのタンパク質合成も目を見張るものがあります。

これらは、全ていろいろの分子が役割分担をして行う共同作業であり、その集団は高度な技術を持った職人集団のような観すらあります。前章までの分子集団は、画一的な分子の集団でしたが、ここでは個性と特殊技術を持った分子集団の動きを見ておきましょう。

DNAの高分子構造

本章は、核酸を中心とした分子集団の働きを紹介するのが目的ですから、核酸、DNAの構造を紹介するのは、本章を読み進むために必要な程度に限定しておきます。

DNAは4種の宝石が沢山ぶら下がったネックレスのようなものです。各宝石には記号A、T、G、Cが付けられています。この宝石がぶら下がる糸はリン酸と糖が一つ置きに繋がったものです。つまり、リン酸と糖を単位分子とした長大な天然高分子です。

塩基は特殊な性質を持っており、AとT、GとCの組み合わせでは水素結合によって結合しますが、それ以外の組み合わせでは有効な水素結合が形成できません。

DNAの二重ラセン構造

DNAは、2本の高分子鎖が接合した構造になっています。2本の高分子鎖をそれぞれ①、②とすると、①の塩基Aには②のTが接合し、①のGには②のCが接合しています。

全ての塩基で、この調子ですから、①の塩基配列がわかれば②の塩基配列もわかる仕組みになっています。これは鋳型と焼き物の関係、つまり人形焼とその鋳型の関係になっており、互いに相補的な関係です。

このように①と②のDNA鎖は、全ての塩基間で水素結合でつながっていますから、ぴったりと接合したものであり、引き離すには特別の働きをする分子、つまり酵素の働きが必要になります。2本のDNA高分子鎖は、各原子の結合角度の関係でねじれます。この結果、互いに相補的な関係にある2本のDNA高分子鎖は寄り添ってねじれ、2本のラセンが重なった構造、すなわち二重ラセン構造となっています。

●DNAの二重ラセン構造

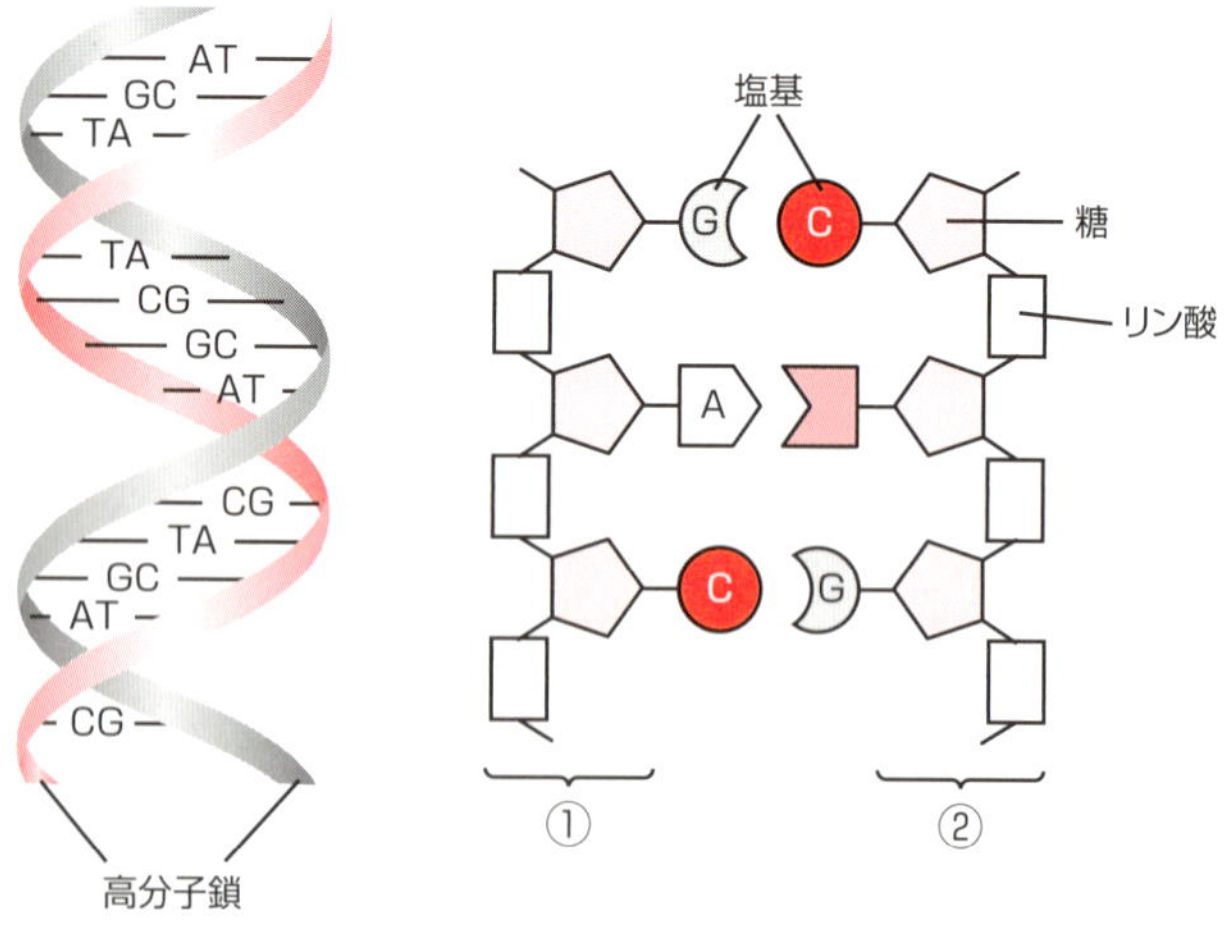

SECTION 28

DNAの分裂と再生

DNAの最も重要な使命は、親（母細胞）の遺伝情報を子供（娘細胞）に引き渡すと言うことです。そのためにはDNAが、そっくりそのまま娘細胞に引っ越せば良いのですが、それではDNAの無くなった親細胞が細胞分裂できなくなり、立ち往生してしまいます。

そうならないためには、DNAをもう1個作り、その複製品を娘に持たしてやれば良いということになります。そこで、DNAの分裂複製ということになるのです。

DNAの分裂

DNAは、2本の相補的な関係にある天然高分子がねじれ合った二重ラセン構造をとっています。このDNA高分子を複製するには、二重ラセン構造をほどいて、1本ずつのDNA高分子にする必要があります。

先に見たように、二重ラセン構造を作る2本のDNA高分子は、互いに水素結合でしっかりと結合しており、簡単にほどけるものではありません。この構造をほどく役割をするのが酵素であり、それは、DNAヘリカーゼと呼ばれます。

まず、細胞分裂を控えて分裂複製をしなければならない二重ラセンDNAの末端に、酵素DNAヘリカーゼが接合します。この酵素は二重ラセン構造の端から次々と塩基間の水素結合を切断し、二重ラセン構造をほどいて2本のDNA高分子①、②にしていくのです。訓練された職人がキッチリした仕事をするようなものです。

DNAの複製

すると、ほどけた2本のDNA高分子①、②に新たな酵素

●DNAヘリカーゼ

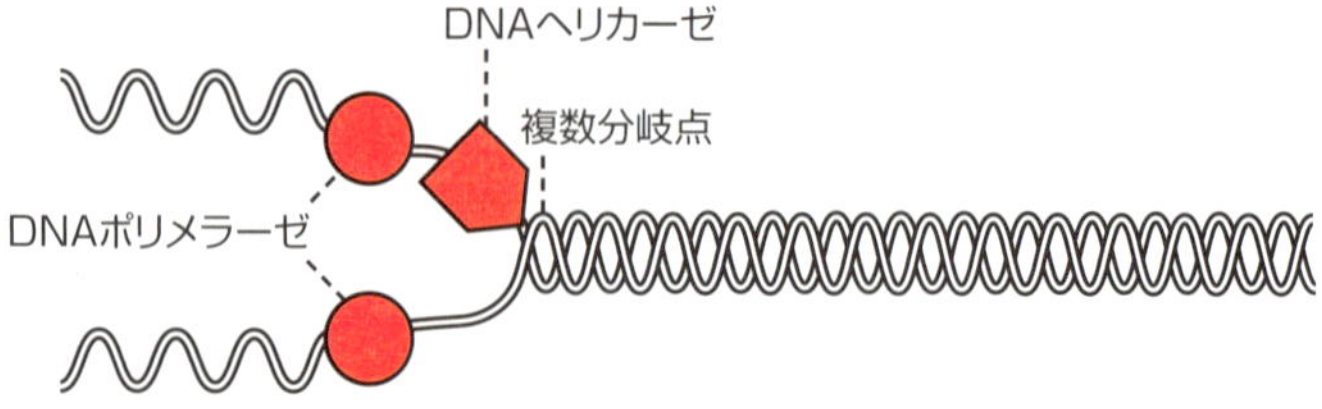

DNAポリメラーゼが付着します。この酵素がDNA高分子の複製をするのです。

DNAの複製は鋳型の原理で進行します。ほどけてできたDNA高分子①、②は元(親)の高分子なので旧①、旧②としましょう。旧①に着いた酵素ポリメラーゼは、旧鎖についている塩基がGだと分かると、周囲の塩基群に声を掛けます。「Cさんイラッシャーイ！」するとCさんが「ハーイ！」と返事をして塩基Gに結合します。

このような具合に、旧①高分子の塩基に相当する塩基が結合すると、ポリメラーゼがこれらの新しい塩基群をネックレスの糸で閉じます。このようにしてできた新しいネックレス、DNA高分子は、旧①と相補的な関係にあった旧②と同じ構造になります。この新しい高分子

●DNAポリメラーゼ

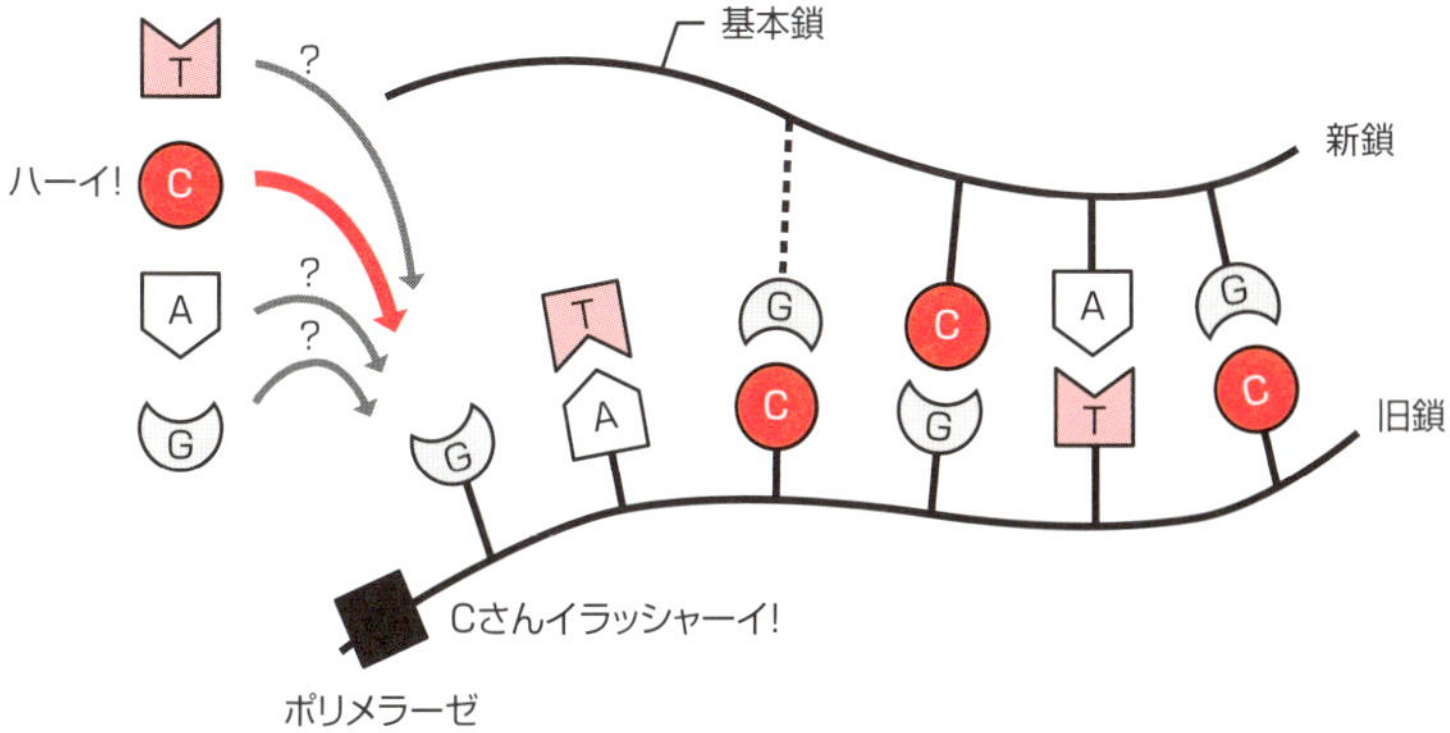

を新①高分子としましょう。

　このような操作が続くと、旧①には新②、旧②には新①が寄り沿うことになります。

　このようにして、旧①－新②、旧②－新①という組み合わせの、新しい二組の二重ラセンDNAが複製されるのです。複製された二組の二重ラセンDNAの片方は、元の母細胞に残り、もう片方は細胞分裂によって作られた娘細胞に入っていきます。

　つまり、全ては酵素というタンパク質分子の集団の働きによるものなのです。DNAは何もしません。DNAはただの遺伝暗号情報です。それを複製し、しかるべきところに届けるのは酵素集団という分子集団の力によるのです。

●DNAの複製

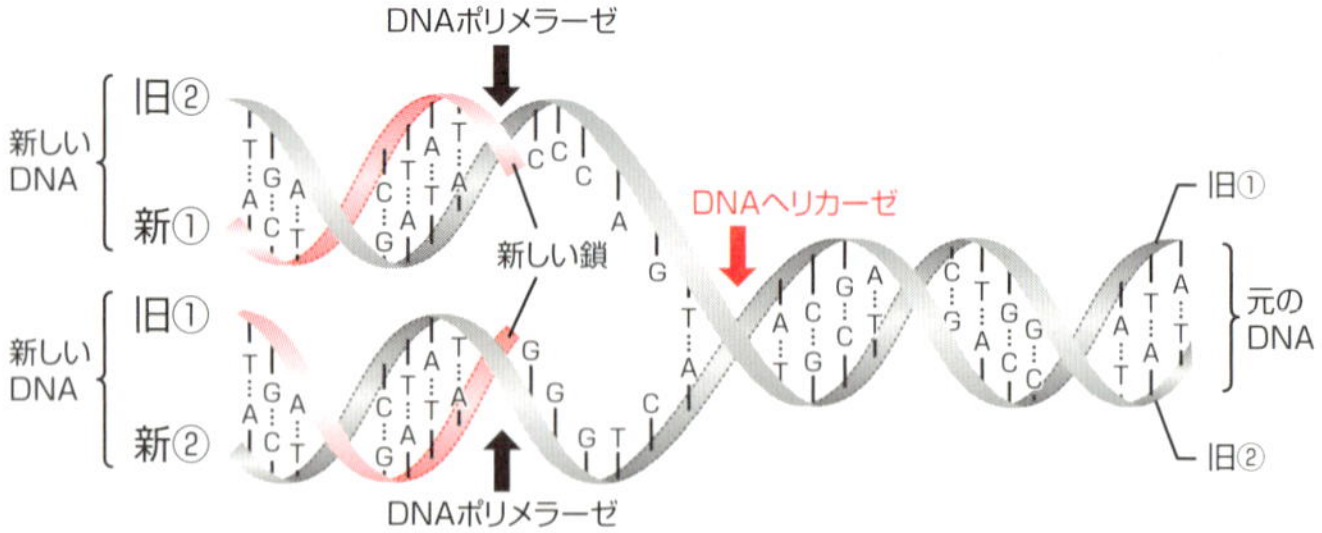

SECTION 29

RNAの合成

酵素分子団の働きによって作成された新しい二重ラセンDNAは細胞分裂に伴って新しくできた娘細胞にやってきます。しかし、ここでもDNAは何もしません。DNAは遺伝情報なのです。つまり、遺伝の辞書のようなものです。辞書は何もしません。何かするのは辞書を読む人です。

RNAの意義

RNAはDNAの実用版のようなものです。というのは、DNAは長すぎて、不要な部分が多すぎるのです。DNAは大昔の片手では持てないような、古びてカビ臭くて重い辞書のようなものです。ここには、その生物の大昔からの進化の歴史が全て書き残されています。

つまり、ＤＮＡには遺伝に必要な部分と不要な部分があるのです。必要な部分を遺伝子、ゲノムと言い、不要な部分をジャンクＤＮＡと言います。全ＤＮＡのうち、遺伝子が占めるのは10％足らずで、残り90％以上はジャンクＤＮＡと言われます。

ＲＮＡはＤＮＡからこのジャンク部分を除いて、本当に有用な部分、遺伝子部分だけを取り出した実用版ＤＮＡのようなものなのです。

ＲＮＡの合成

ＲＮＡの合成には、ＤＮＡを鋳型として用います。この操作を転写と言います。

ＲＮＡ合成は、ＤＮＡにＲＮＡポリメラーゼという酵素がセットされることによって始まります。この酵素は

●DNA

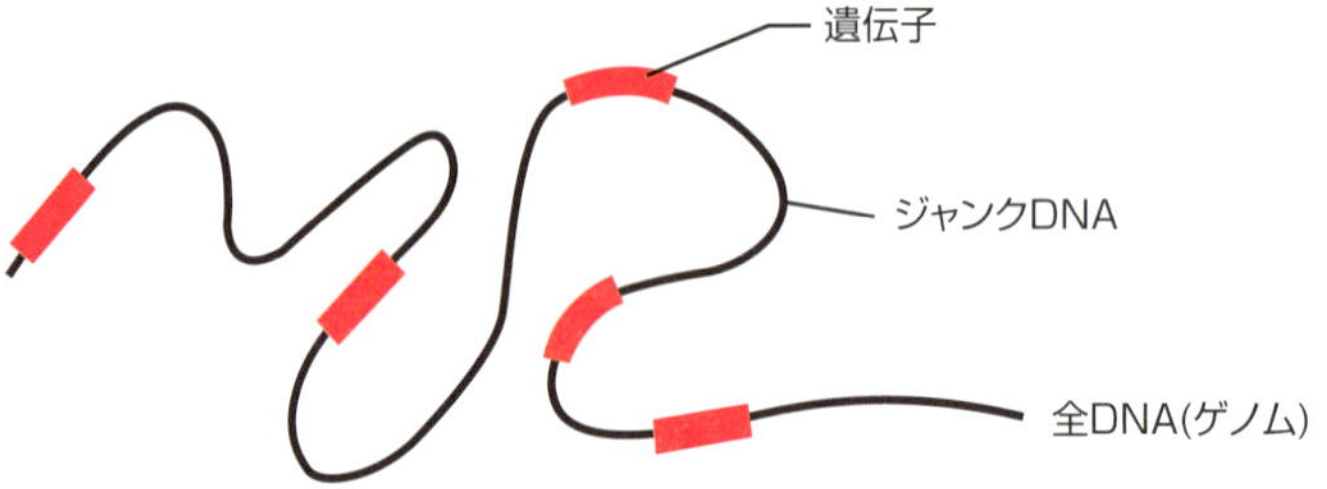

DNA上を移動していきます。するとDNA上に、「転写開始」という信号、コドン(次項で説明)が現われます。

この信号に会うとポリメラーゼはRNAの合成を開始します。合成は2本あるDNA高分子のうち片方だけを鋳型として進行します。RNA高分子鎖の合成の仕方は、DNAの複製の場合と同じです。ただし、RNAではDNAの塩基Tの代わりに新しい塩基Uを用います。したがって、水素結合によってペアを組む塩基はA—U、G—Cということになります。

このようにしてRNA合成を続けて行くと、今度は「転写終了」という信号が出ます。そうしたら転写は終了です。しかし、

●RNAの合成

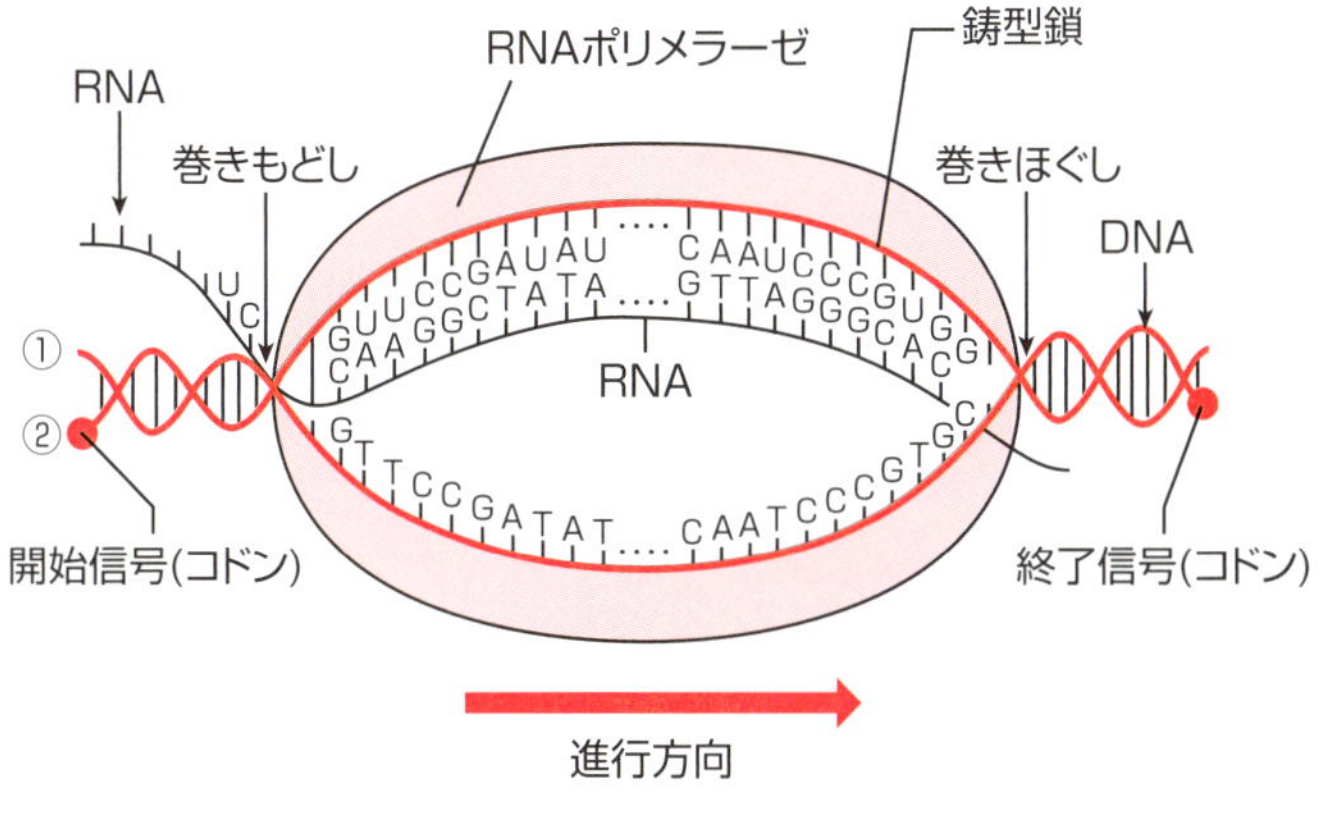

ポリメラーゼは転写しないままDNA上を進行していきます。するとまた「転写開始」の信号が現われます。そうしたら、それまでに合成した部分RNAに続けて次のRNAを転写していきます。この様にして、DNAのうち、遺伝子部分だけを取り出したRNAが完成するのです。

この結果、1本のDNAには同時に何個ものRNAポリメラーゼが結合し、RNAを合成しながら

●RNAの合成の仕組み

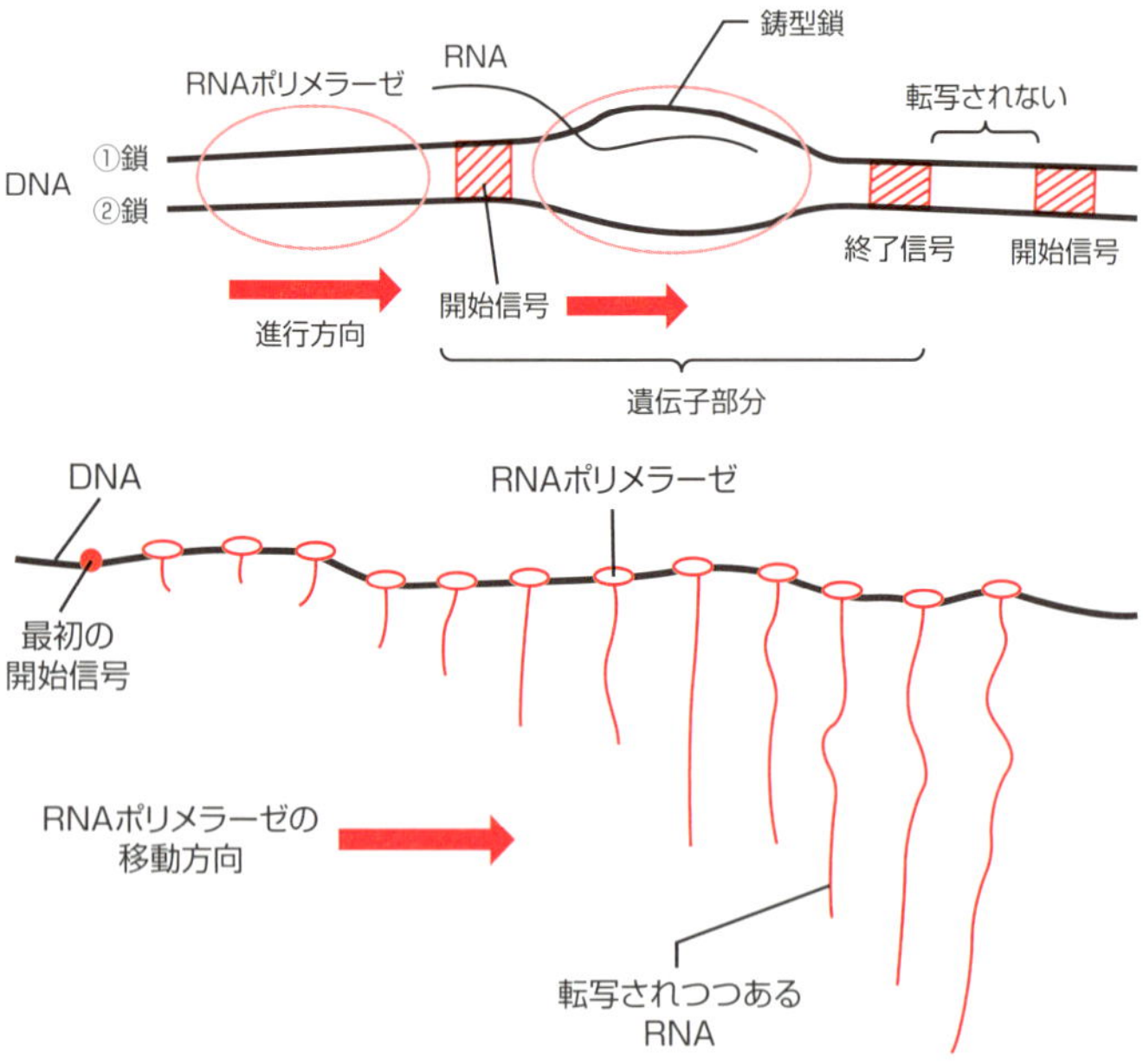

DNAの同一方向に進行していきます。そのため、DNAからは長さの異なるRNA断片が何本もぶら下がることになります。

2種類のRNA

実はRNAには2種類あります。メッセンジャーRNA、m-RNAとトランスファーRNA、t-RNAです。

m-RNAは、タンパク質合成の原料であるアミノ酸の配列順序を指定した辞書です。一方、t-RNAはアミノ酸の種類数と同じ20種類あり、それぞれのt-RNAは分担したアミノ酸をタンパク合成の作業場に連れていく働きをします。t-RNAは図のような固有の形態をしています。

●t-RNA

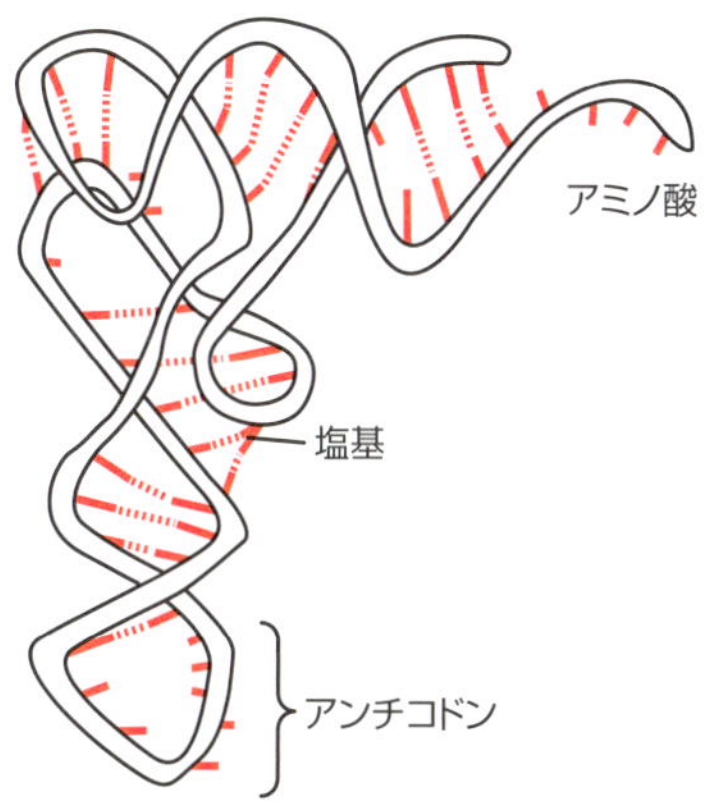

t-RNA

SECTION 30

タンパク質の合成

遺伝の本質は、タンパク質の合成です。ここで言うタンパク質というのは、焼き肉のお肉ではありません。ヘモグロビンやトリプトファンなどと言われるタンパク質、つまり、生命活動を支える酵素のことを言います。人間の場合、体内に少なくとも10万種類のタンパク質(酵素)があると言われます。

最近、難病や遺伝子病と言われる病気に関与するタンパク質が次々と明らかになっています。生体内は、どのようなタンパク質が存在し、そのタンパク質がどのような働きをするかによって生命体は個性的な形となり、個人としての個性が発現されるのです。

遺伝形質の発現

遺伝には、DNA、RNAの核酸が重要な役割を演じます。しかし、先に見たように、

DNAの役割はRNAを作るための鋳型に過ぎません。その鋳型を元にRNAを実際に作るのは酵素というタンパク質です。

それではRNAは何をするのかというと、RNAもDNAと同様に何もしません。RNAは、タンパク質を合成するための鋳型に過ぎません。実際にタンパク質を合成するのは、またしても酵素というタンパク質なのです。

つまり、DNA、RNAは、遺伝情報を書いた辞書に過ぎません。その情報を元に各種のタンパク質を作るのは酵素というタンパク質です。つまり、タンパク質という職人集団が生命体を作っているのです。

核酸の役割は、この職人集団の顔ぶれを決めることなのです。

コドン

タンパク質は天然高分子です。タンパク質の構造はアミノ酸の配列順序である平面構造と、それが折りたたまれることによって発現する立体構造の二元に分けて考えることができます。

立体構造は、すさまじく複雑ですが、平面構造は簡単です。タンパク質という平面構造を作るアミノ酸は20種類に過ぎません。このアミノ酸の配列順序がタンパク質の基礎構造を決定します。つまり、RNAに書かれているのは、このアミノ酸の配列順序だけなのです。

それでは、RNAはどのようにしてアミノ酸の配列順序を指定するのでしょうか？そこで使われるのがコドンという暗号です。これはRNAにおける、連続した3個の塩基の配列順序です。つまり3個の塩基がAUGと並んでいたらアミノ酸A、CAUならアミノ酸Bという具合です。

RNAの塩基には、AUGCの4種類があります。これらの任意の三種の組み合わせは4^3=64となり、64種類のアミノ酸を指定することができます。

実際には、アミノ酸の種類は20種類に過ぎませんから、1個のアミノ酸を指定するコドンは複数個あることになります。

タンパク質合成

タンパク質の合成は、細胞内にある細胞内器官の1つであるリボソームと言われる小粒子で行われます。

リボソームは大小2個のサブユニットからできており、大ユニットにはA領域とB領域があります。

平面構造

コドンによって指定されたアミノ酸が、どのようにして選択され、どのようにして結合されて、タンパク質になるのかを見てみましょう。それは次の通りです。

❶まず、m−RNAが小ユニットにセットされます。m−RNAが移動して、コドンがA領域に入るとt−RNAがコドンを読み、担当のt−RNAがコドンに相当するアミノ酸Xを運んできます。

❷すると、アミノ酸を着けたままのt－RNAが先ほどのコドン上に結合します。

❸この状態で、m－RNAが移動するとXを着けたt－RNAは領域Bに移り、代わりに次のコドンが領域Aに入ってきます。

❹すると、別のt－RNAがコドンに相当したアミノ酸Yを運んできて、またm－RNAに結合します。

❺このように、2個のアミノ酸X、Yがコドンの指令通りに並ぶと、タンパク質合成酵素が現われて、XとYを結合しX－Yというタンパク質の部分構造（ペプチド）を作ります。

この操作の繰り返しでアミノ酸がm－RNAの指令通り、結局はDNAの指令通りに結合してタンパク質の平面構造が完成するのです。

●タンパク質の合成の構造

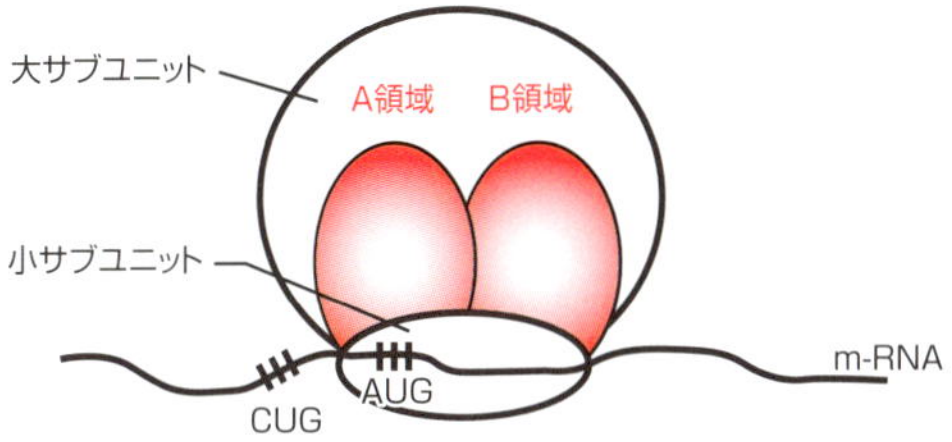

❶ m−RNAが小サブユニットにセットされる

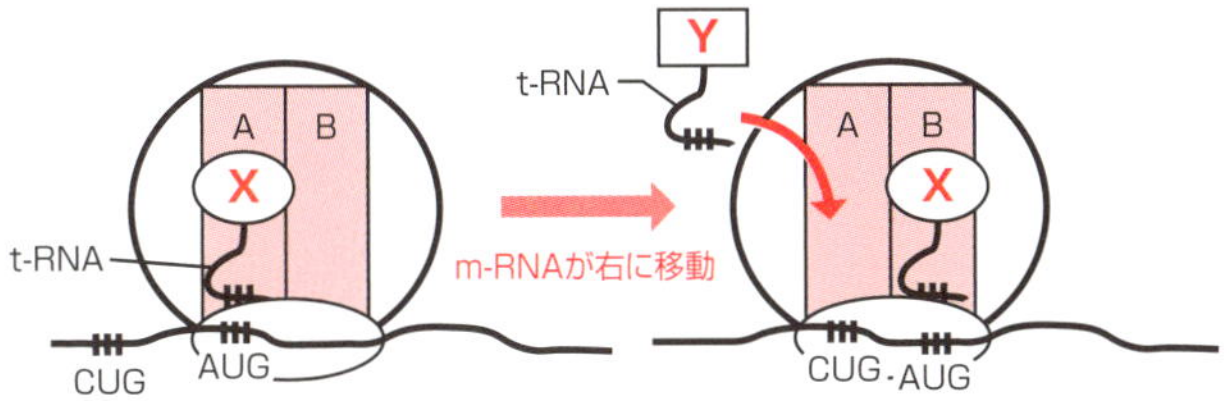

❷ アミノ酸 XがA領域にセットされる

❸ アミノ酸 YがA領域に呼び込まれる

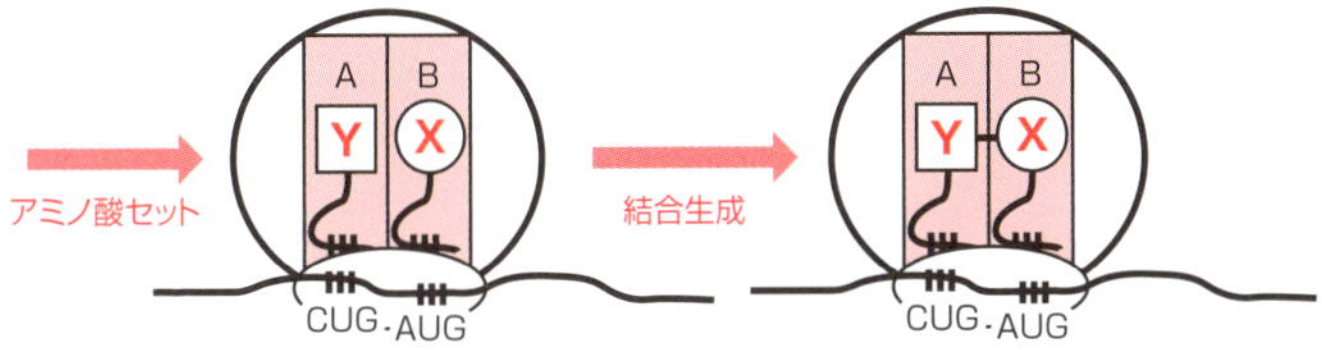

❹ アミノ酸 YがA領域にセットされる

❺ 部分構造Y−Xが生成する

立体構造

タンパク質合成には、この先、指定の通りに折りたたんで立体構造を完成するという操作が待っています。

簡単なタンパク質の場合には、平面構造が決まれば自動的に折りたたまれることもあるようですが、多くの場合は特別の作用因子が働くものと考えられています。そのような因子として、分子シャペロン、あるいは酵素があげられます。

つまり、ここでもまたタンパク質が活躍するのです。しかし、この辺の領域の解明は、今後の研究をまたなければなりません。

Chapter. 8
クロロフィルの光合成

SECTION 31

クロロフィルと光合成

生命とは一体何でしょう？　生命を解き明かし、それを人工的に再構築することが科学の究極の目標だとする説があります。一方で、生命は人知を超えた領域にあるのであり、それを解明、まして再構築するなどは許されることではないと言う説もあります。

生命と科学

138億年前に、ビッグバンによって生じた宇宙には、無限大と言ってもいいほど無数の恒星があります。その恒星の多くは太陽という恒星と同じように、何個かの惑星を持っているでしょう。その惑星の中には、地球と同じように生命体の存在する惑星があると考えるのが合理的であり、その数もたくさんあるだろうと言う説があります。

一方で、生命は宇宙の奇跡とも言うべき地球という特別に恵まれた惑星に偶然によって発生したものであり、宇宙広しと言えども他に存在するはずはないという説もあります。この場合の特別に恵まれた惑星というのは、水という分子の融点(0℃)と沸点(100℃)の間に入る温度領域を維持できるということが効いているのではと化学者は考えてしまいます。

生命とエネルギー

生命を科学的に考えた場合、それを維持する最低限の条件は、生命を構成するための物質(原子、分子)の補給と、それを反応させるためのエネルギーの補給と言うことです。

エネルギー補給を地球で考えれば、肉食動物は、草食動物を食べることでエネルギーを獲得します。草食動物は、植物を食べることでエネルギーを獲得します。つまり、全ての動物のエネルギーの源、それは植物なのです。それでは植物はどこからエネルギーを獲得するのでしょう?

植物のエネルギー

植物は、太陽光のエネルギーで生命活動を行います。その活動は、光合成という名前でくくられます。

光合成というのは、太陽光を反応エネルギーとし、水と二酸化炭素を反応の出発物質としてグルコースやデンプン、セルロースなどの糖類を作る反応です。つまり、植物は水H_2Oや二酸化炭素CO_2という、この上ないほど構造が簡単、単純で、それだけにエネルギーの低い(少ない)物質に太陽光のエネルギーを吹き込んで、糖類という複雑でエネルギーの高い(多い)物質を合成しているのです。

すなわち、光合成の本質は太陽エネルギーの捕獲と貯蔵にあるのです。

光合成

光合成は、2種類の全く異なる反応体系からできています。それは明反応と暗反応です。明反応は、太陽光のエネルギーを取りこんで貯蔵する反応です。いわば光合成の本質ともいえる反応です。植物はこの反応で、低エネルギー物質（ADP）に太陽光エネルギーを注入して高エネルギー物質（ATP）に換えるのです。

それに対して暗反応は、明反応で貯蔵したエネルギーを使って糖を合成する反応です。いわば、普通なら加熱して熱エネルギーを用いて行う化学反応を、ATPのエネルギーを用いて行うのです。つまり、用いるエネルギーの形態が異なることを除けば暗反応は普通の化学反応と変わることはありません。

葉緑体の構造

植物が明反応を行う場は葉緑体です。葉緑体は複雑な構造をした器官ですが、簡単にすれば図の

●葉緑体の構造

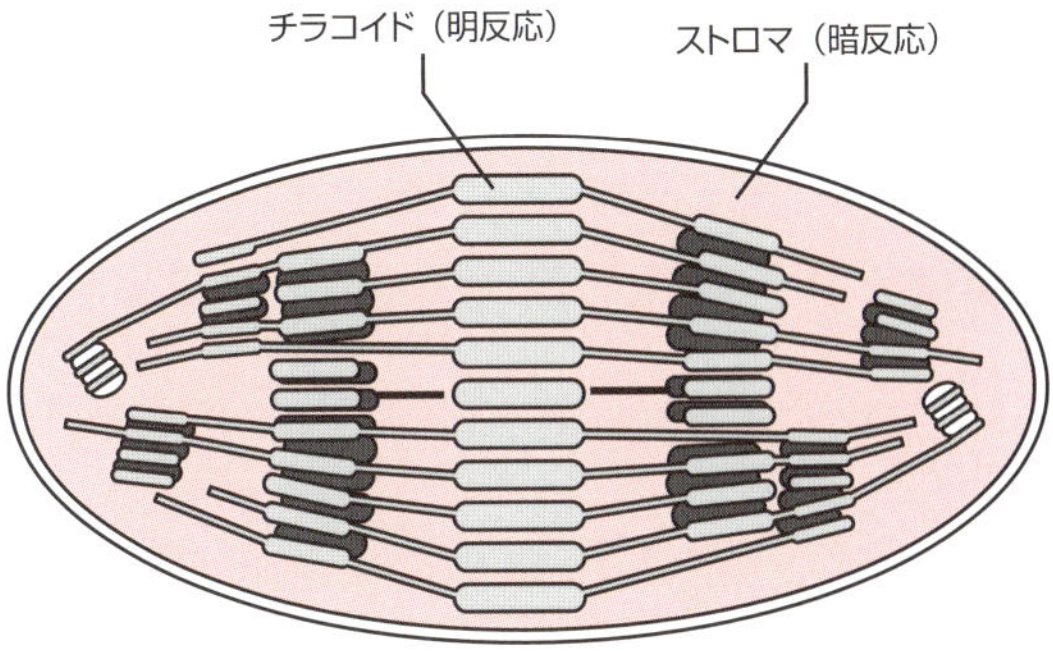

ような構造をしています。つまり、チラコイドと呼ばれる組織部分と、ストロマと呼ばれる液体部分からできているのです。

このうち、明反応を行うのはチラコイドであり、暗反応はストロマで行われます。そして、チラコイドを覆う細胞膜(分子膜)であるチラコイド膜に光合成の立役者であるクロロフィルが埋め込まれているのです。

クロロフィルの構造

クロロフィルは図のような構造の分子です。これはポルフィリンと言う環状の有機分子とマグネシウムMgという金属からできた複合分子(超分子)と見ることができます。

クロロフィルは、哺乳類において酸素運搬をしているタンパク質、ヘモグロビ

●クロロフィルの構造

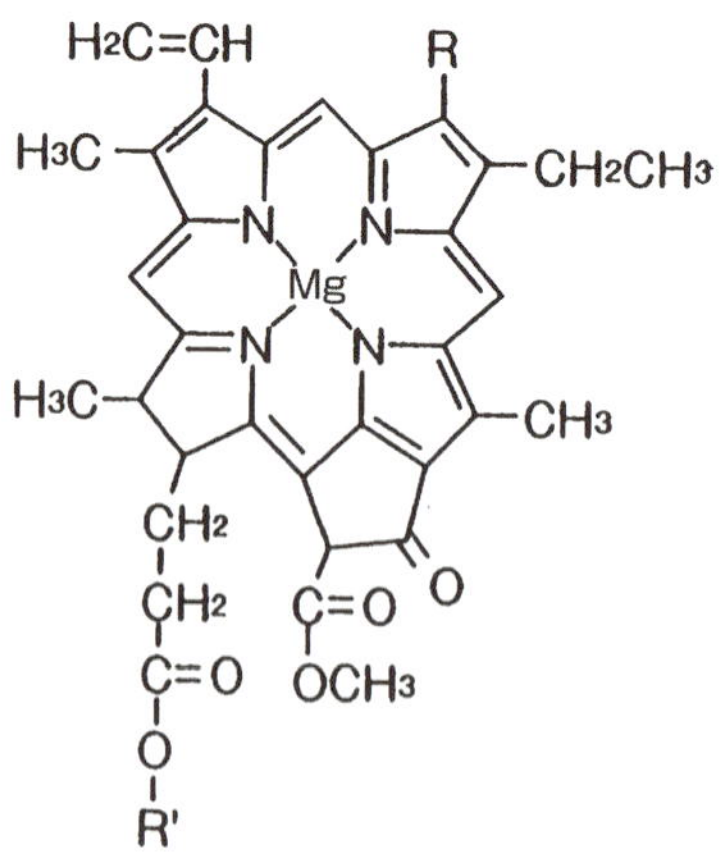

ンに含まれるヘムと類似の構造をしています。つまり、クロロフィルの金属であるマグネシウムを鉄Feに置き換えればそのままヘムになると言うわけです。

植物と哺乳類動物という全く異なる生物において、その中枢機能を司る分子がそっくりということは、生命の発展、発達の歴史をうかがわせるものと言えるでしょう。

ATPの構造とエネルギー貯蔵

動物、植物を問わず、生命体がエネルギーを貯蔵するのに使うのはATP（アデノシントリリン酸：トリは3の意味）という分子であり、これは3個のリン酸PO_3部分を持っています。この分子の基本形はAMP（アデノシンモノリン酸：モノは1の意味）であり、1個のリン酸部分を持っています。これは核酸DNAを構成する4種の塩基、ATGCのうちのAに相当するものです。

これなど、分子の使いまわしのようなものです。神様が生物を作る時に、たまたま手近にあった分子をつかんで「ま、これで間に合わしておこうか」と言うはずはないですが、ついそのような連想が浮かんでしまいます。

それはともかく、AMPにもう1個のリン酸が着くと2個のリン酸部分を持つADP（アデノシンダイリン酸：ダイは2の意味）となります。

このADPがエネルギーを溜め込む物質であり、ADPにリン酸が結合してATPになることによってエネルギーが貯蔵されます。つまり、ATPは高エネルギー物質であり、ADPは低エネルギー物質なのです。生物はADPにリン酸とエネルギーを与えてATPにし、ATPをADPに戻すときにリン酸とエネルギーを手にするのです。

●AMP、ADP、ATP

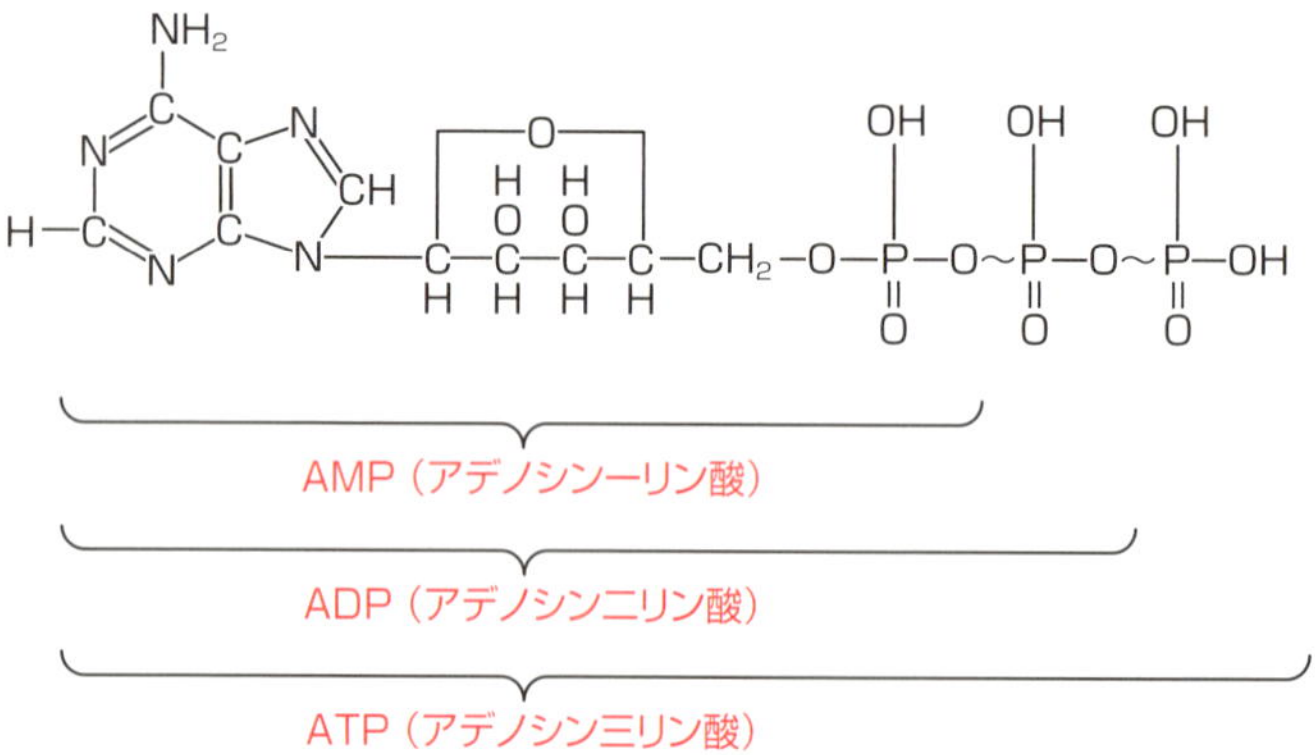

SECTION 32
明反応の舞台

光合成の意義は、太陽エネルギーを捕集し、貯蔵する過程、すなわち明反応にあります。明反応は、植物細胞にある細胞小器官の一種、葉緑体に含まれる複合有機分子のクロロフィルで行われます。クロロフィルは、錯体あるいは有機金属化合物などと呼ばれることもあります。生命体と密接な関係のある分子であり、有機物とも無機物とも考えることのできる分子と言えます。

光捕集アンテナ

細胞に含まれる構造体の主なものは、細胞内器官と呼ばれますが、これらは全てその表面を細胞膜で覆われています。チラコイドの表面を覆う細胞膜の一種、チラコイド膜には多くのクロロフィル分子が埋め込まれています。しかし、それは漫然と所構わず埋め込まれているわけではありません。その様子を図に示しました。

チラコイド膜に埋め込まれたクロロフィル分子は、図に示したように2つのドーナツ状の円形の部分構造からなる分子集団になっていることがわかります。ドーナツには大きなものと小さなものがあり、これら2個が1セットになっています。

チラコイド膜には、このような分子集団が何組も埋め込まれているのです。2つの部分構造は、それぞれが太陽光を集めるレンズのような役をしており、光捕集アンテナと呼ばれます。下図はそれを模式的に表したものです。

●光捕集アンテナ

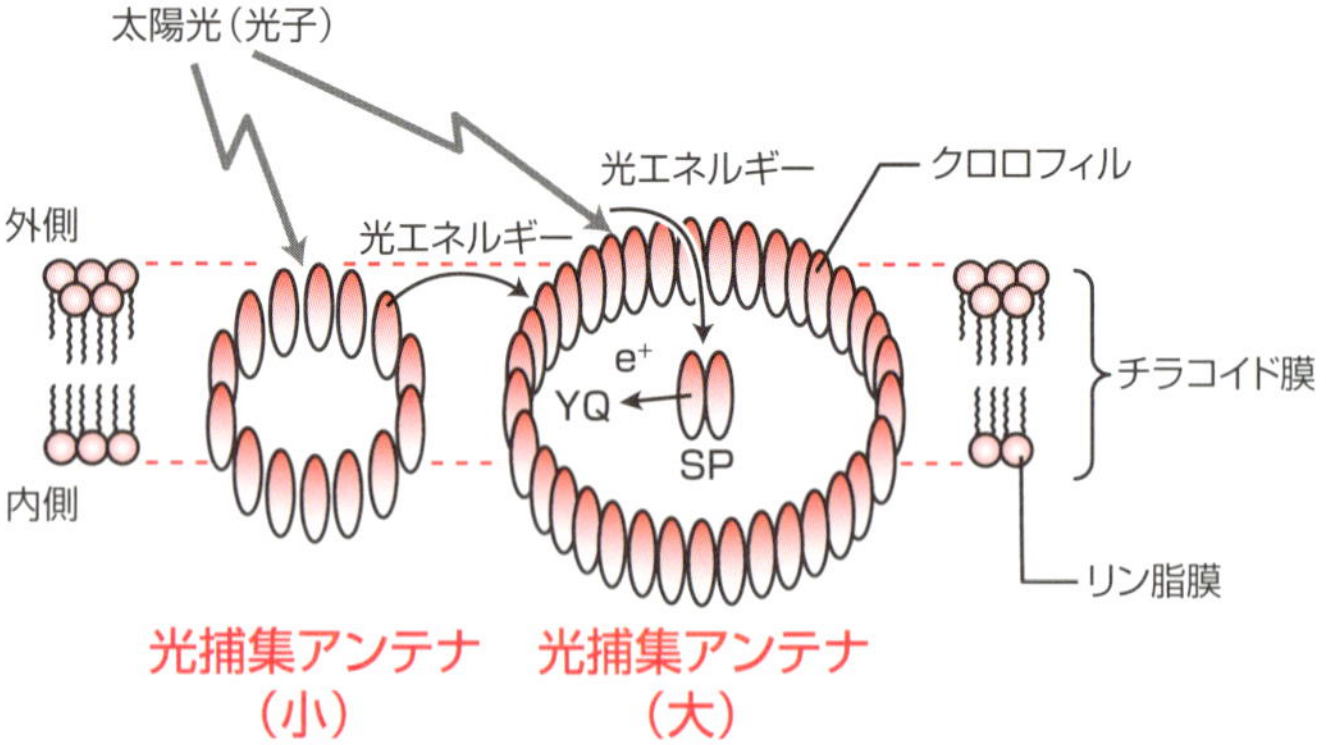

光子の捕集

光は光子と呼ばれる粒子の集団と考えることができます。葉緑体に差し込んだ光子は、大小2つの光捕集アンテナを構成するクロロフィル分子のうち、どれかのクロロフィル分子に衝突します。すると光子はクロロフィル分子に吸収されて無くなり、そのエネルギーはクロロフィル分子に移動してクロロフィル分子のエネルギーとなります。

このようにして任意のクロロフィル分子に吸収された太陽光エネルギーは、アンテナを作るクロロフィル分子の間を次々と移動し、最終的に大きなアンテナ内に存在するスペシャルペアーSPと呼ばれる一組のクロロフィル分子に到達します。

SECTION 33

明反応

明反応が行われる舞台、すなわち葉緑素。その葉緑素を構成する2つの装置は、チラノイドとストロマであり、その舞台で踊り舞う俳優は、クロロフィル、ＡＴＰたちであることが明らかになりました。残るは、これら俳優がどのような演技を見せてくれるかです。

電子移動

光エネルギーを受け取ったＳＰは、電子e^-を放出します。この電子をユビキノンＹＱと呼ばれる分子が受け取って1価の陰イオンYQ^-となります。同じことが2回繰り返されるとＹＱは二価の陰イオンYQ^{2-}となります。

YQ^{2-}は葉緑体内で2個プロトンH^+を受け取って還元型ユビキノンYQH_2となりま

す。YQH_2は細胞膜を離れて、葉緑体の外に出ます。これで葉緑体内部から2個のe^-と2個のH^+が葉緑体外に運び出されたことになります。

すると、これに触発されるようにシトクロームという酵素がさらに2個のH^+を葉緑体外に運び出します。同時にシトクロームは先ほどの2個のe^-を細胞内のSPに戻します。

これで、結局2個の光子によって4個のプロトンH^+が細胞外に運び出されたことになります。

ATP合成

葉緑体のエネルギー状態とATPの合成を考えてみましょう。

●電子移動

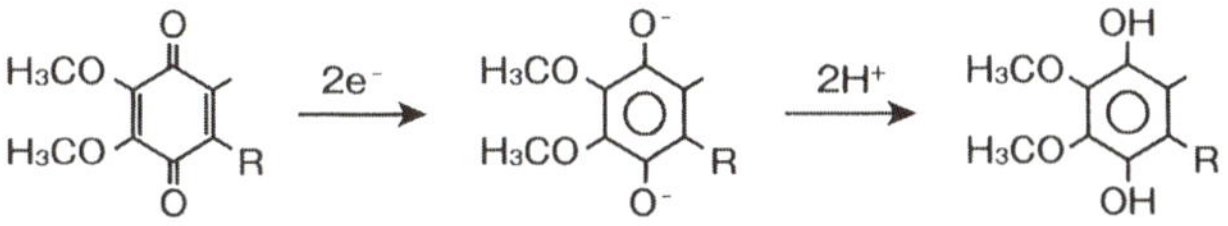

YQ　　YQ^{2-}　　YQH_2

❶葉緑体のエネルギー状態

先ほど見たように、4個のH^+が葉緑体内から外に運び出されたと言うことは、葉緑体の細胞膜を挟んでH^+の濃度勾配ができたことでもあります。これは不自然、不安定であり、エネルギー的に高い状態であることを意味します。つまり、葉緑体は光子の光エネルギーを吸収して高エネルギー状態になったのです。

ここで、葉緑体外に運び出されたH^+が元の細胞内に戻れば、濃度勾配は解消され、葉緑体は、元の低エネルギー状態に戻ります。実際にそうなるのですが、当然、この時には、余分のエネルギーが放出されます。このエネルギーを受け取って貯蔵するのがADPなのです。

❷ATPアーゼ

葉緑体が放出したエネルギーを受け取り、それをADPに渡す働きをするのがATPアーゼと呼ばれるタンパク質です。

このタンパク質は、プロトンが葉緑体外から内部に移動すると、そのときに発生するエネルギーによって回転運動を始めます。まるで川の水の流れで回転する水車のようなものです。すると、この回転運動のエネルギーを反応エネルギーとしてADPとリン酸が反応して新しい結合を作り、ATPとなります。

これは「濃度差エネルギー→回転運動エネルギー→化学結合エネルギー」というエネルギー変換に相当します。つまり、光子2個が持つ光エネルギーがATPの1分子の持つリン酸結合エネルギーとなって固定、貯蔵されたのです。このようにしてATPが貯蔵するエネルギーはおよそ30kJ/molです。

このようにして太陽から届いた光エネルギーはクロロフィルという分子が作る分子集団と、酵素、タンパク質の分業に基づく共同作業によってATPに貯蔵されたのです。生命体を構成する分子集団は、誰に指図されるわけでもないまま、一糸乱れぬ行動をし、生命活動に必要な行動を行っているのです。

●ATPアーゼ

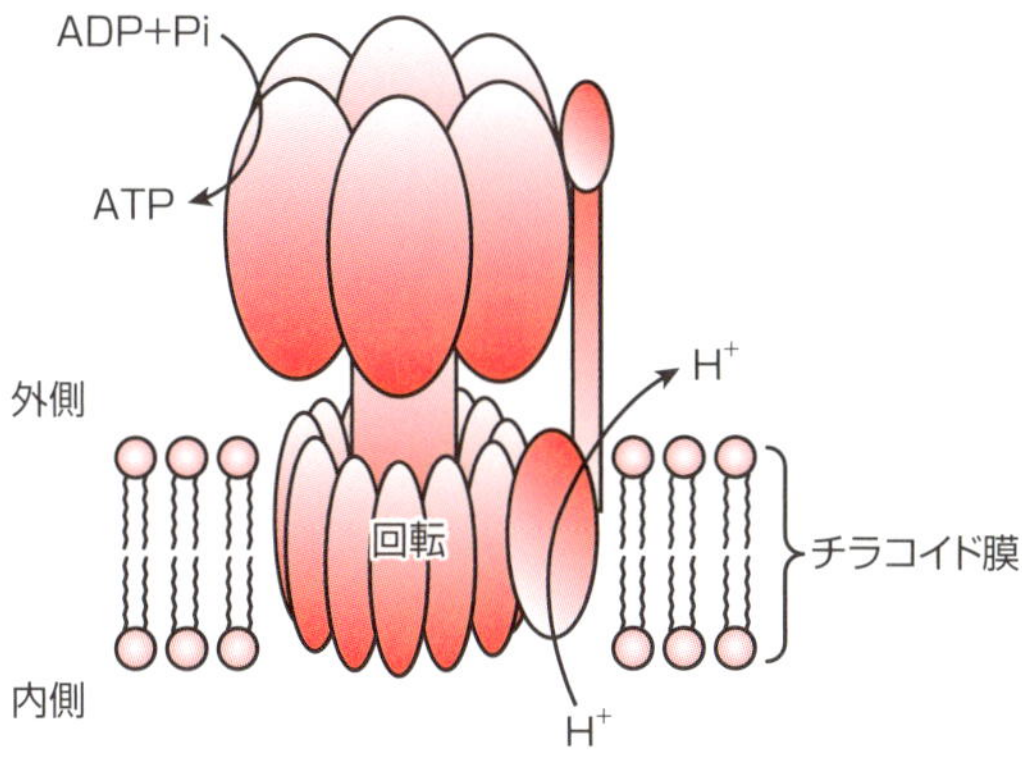

SECTION 34

暗反応

明反応で作った高エネルギー物質ATPを使うのが暗反応です。暗反応では二酸化炭素CO_2と水H_2Oからグルコース$C_6H_{12}O_6$と酸素分子O_2を作ります。

この反応は複雑な化学反応が精密に組み合わされた循環反応です。それを細かく説明するのは本書の目的ではありませんので、明反応で作ったATPがどのように使われるのかにだけ焦点を絞って、簡単に見てみましょう。

水の分解

暗反応の特徴は、水と二酸化炭素という、共に非常に

●グルコースの合成

$$6CO_2 + 6H_2O \longrightarrow C_6H_{12}O_6 + 3O_2$$

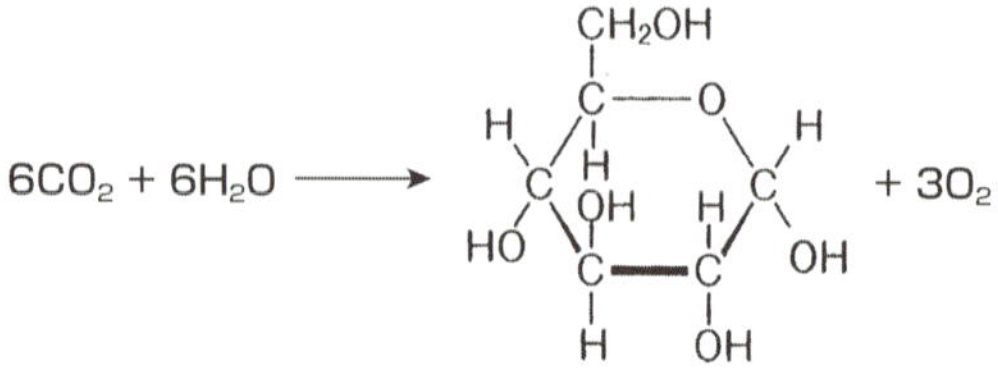

グルコース

低エネルギーな化合物を用いてグルコースという高エネルギーの物質（分子）を合成することにあります。このように、低エネルギーの物質（分子）に変えるためには、その間のエネルギー差に相当するエネルギーを補てんしなければなりません。そのために使われるのがＡＴＰのエネルギーなのです。

光合成では、酸素分子が作られますが、これは水が分解されて発生したものです。この反応には、NADPという分子とＡＴＰが用いられます。酸化型NADP、すなわち$NADP^+$とH_2OがＡＴＰのエネルギーを用いて反応し、NADPとHが結合した還元型NADPHとO_2になるのです。このとき、同時に2個のプロトンH^+も発生しますが、これは明反応で使われることになります。

●水の分解

$$2NADP^+ + 2H_2O(+ATP) \longrightarrow 2NADPH + O_2 + 2H^+(+ADP)$$

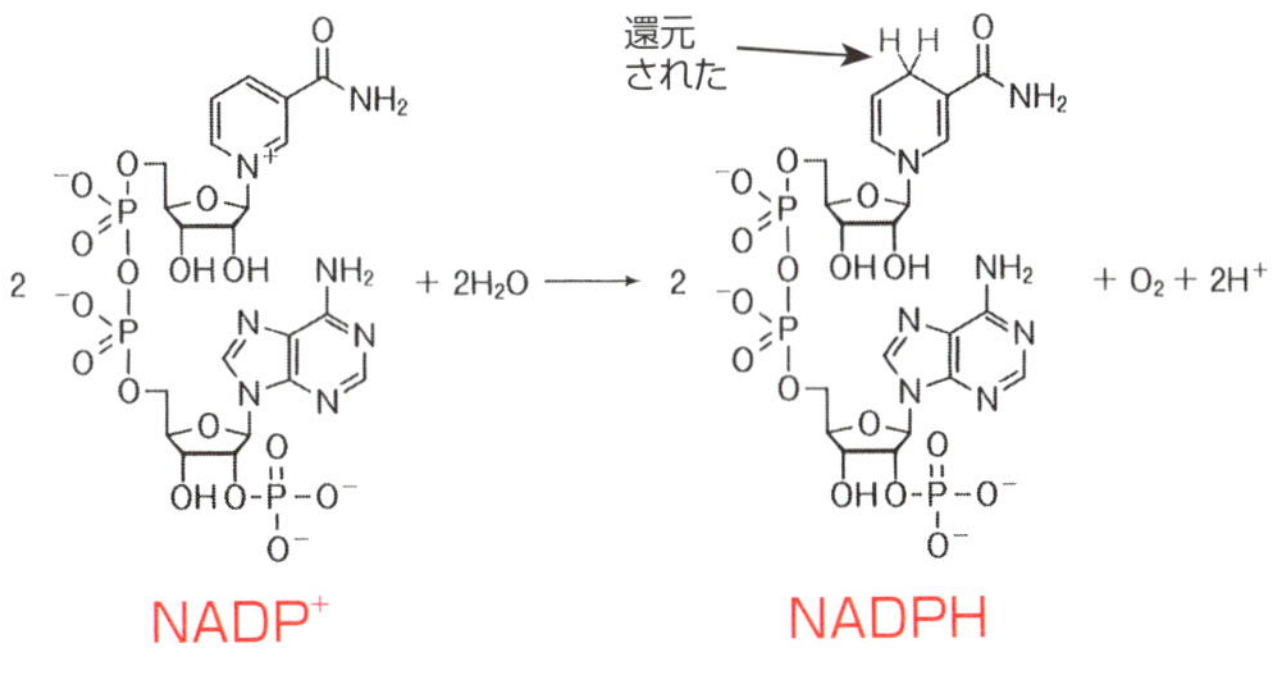

グルコースの生成

二酸化炭素は1個の炭素からできた化合物です。これを記号［1C］で表しましょう。それに対してグルコースは6個の炭素を含む［6C］です。［1C］をどのようにして［6C］にするのかがこの反応の注目点なのです。

グルコースを作る循環反応系には5個の炭素からできた分子［5C］が常に存在します。これに［1C］が反応すれば［6C］になりますが、残念ながらこれは未だグルコースではありません。

グルコースより水素原子が2個足りない$C_6H_{10}O_6$なのです。このHを供給するのが、先ほど作ったNADPHなのです。

一般に化合物は、酸素が多い状態（酸化状態）は低エネルギーです。したがって、この物質に2個のHを結合して目的の［6C］、すなわち$C_6H_{12}O_6$にするためには、Hの他にエネルギーが必要です。

そのエネルギーを供給するのはもちろんATPです。

分子［5C］の再生

以上の反応でめでたく［6C］のグルコースが生成しましたが、問題は、これで終わったわけではありません。これでは反応はグルコースができた時点で終わってしまいます。この反応が繰り返して循環するためには、また［5C］を作っておかなければなりません。

そのために用いられるのが分子［4C］です。これは循環系以外の所で合成される分子です。これが［6C］と反応して分子［10C］になります。そして、これが2分子に分裂して2個の分子［5C］になるのです。

●グルコースの生成

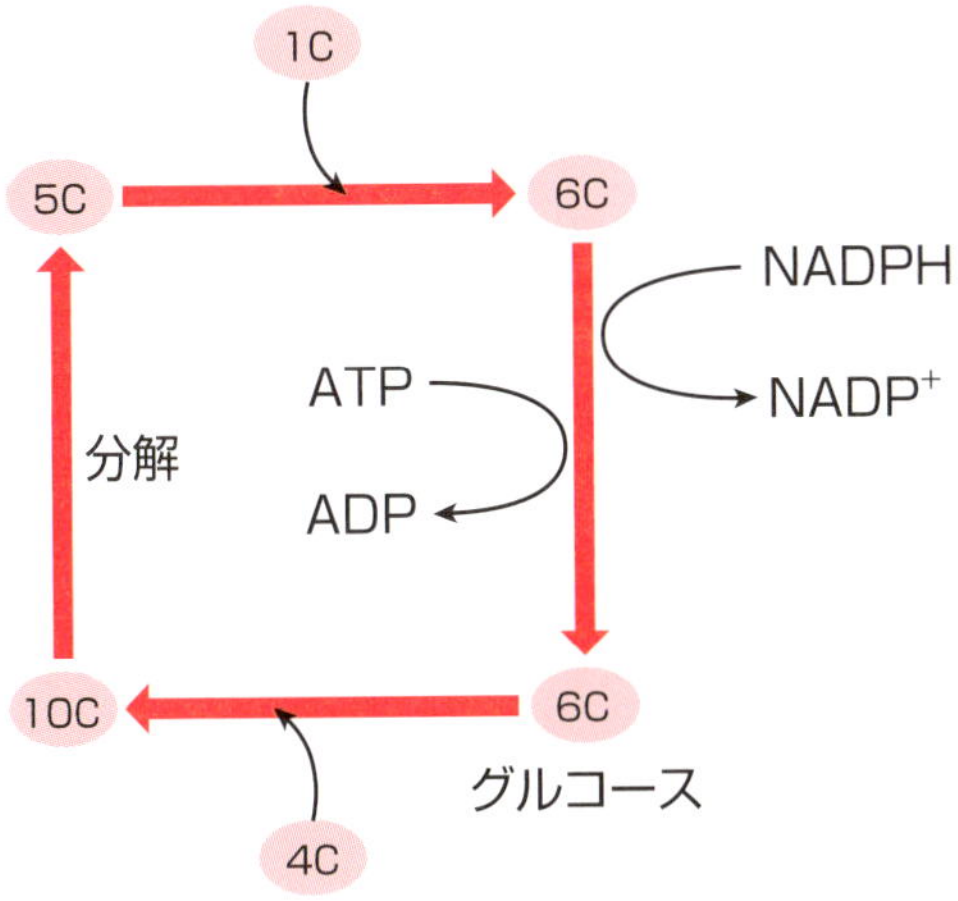

このように、循環反応系に［1C］、NADPH、ATP、［4C］が供給されることによって、グルコースが作られ続けて行くのです。グルコースは何百個も結合して天然高分子であるデンプンやセルロースとなり、草食動物のエネルギー源となります。

これが分子集合体の行う壮大なドラマ、光合成のあらましです。光合成の詳細は未だ研究途上です。光合成の完全解明と、それの人工的再構築が21世紀の化学の目標だと言う説もあります。もしそれが達成されたら、食糧問題もエネルギー問題も化学的、技術的には解決されるでしょう。残るは、国家間、民族間、個人間での分配の問題です。これは政治の問題です。これが解決されるかどうかは、科学者には予想もつかないところです。解決されることを祈るのみです。

索引

か行

英数字・記号

あ行

■著者紹介

齋藤《さいとう》　勝裕《かつひろ》

名古屋工業大学名誉教授、愛知学院大学客員教授。大学に入学以来50年、化学一筋できた超まじめ人間。専門は有機化学から物理化学にわたり、研究テーマは「有機不安定中間体」、「環状付加反応」、「有機光化学」、「有機金属化合物」、「有機電気化学」、「超分子化学」、「有機超伝導体」、「有機半導体」、「有機EL」、「有機色素増感太陽電池」と、気は多い。執筆暦はここ十数年と日は浅いが、出版点数は150冊以上と月刊誌状態である。量子化学から生命化学まで、化学の全領域にわたる。更には金属や毒物の解説、呆れることには化学物質のプロレス中継?まで行っている。あまつさえ化学推理小説にまで広がるなど、犯罪的?と言って良いほど気が多い。その上、電波メディアで化学物質の解説を行うなど頼まれると断れない性格である。著書に、「SUPERサイエンス 分子マシン驚異の世界」「SUPERサイエンス 火災と消防の科学」「SUPERサイエンス 戦争と平和のテクノロジー」「SUPERサイエンス 「毒」と「薬」の不思議な関係」「SUPERサイエンス 身近に潜む危ない化学反応」「SUPERサイエンス 爆発の仕組みを化学する」「SUPERサイエンス 脳を惑わす薬物とくすり」「サイエンスミステリー 亜澄錬太郎の事件簿1　創られたデータ」「サイエンスミステリー 亜澄錬太郎の事件簿2　殺意の卒業旅行」「サイエンスミステリー 亜澄錬太郎の事件簿3　忘れ得ぬ想い」(C&R研究所)がある。趣味は、アルコール水溶液鑑賞は一日たりとも怠りなく、ベランダ園芸で屋上をジャングルにしているほか、釣り、彩木画(木象嵌、木製モザイク)作成、ステンドグラス作成、木彫とこれまた気が多い。彩木画は作品集を出版し、文化講座で教室を開いて教えている。自宅の壁という壁、窓と言う窓は全て彩木画とステンドグラスの作品で埋まり、美術館と倉庫が一緒になったような家と言われる。現役時代には、昼休みに研究室でチェロを擦っては学生さんに迷惑をかけた。最近は、五目釣りに出かけては小魚を釣って帰り、料理をせがんで家人に迷惑を掛けている。酔ってはハムスターを引っ張り出して彼の顔を舐め回し、ハムスターに迷惑がられている。ハムクンごめんなさい。

編集担当：西方洋一 ／ カバーデザイン：秋田勘助（オフィス・エドモント）
写真：©Claudio Ventrella - stock.foto

SUPERサイエンス
分子集合体の科学

2017年12月1日　　初版発行

著　者　齋藤勝裕
発行者　池田武人
発行所　株式会社　シーアンドアール研究所
新潟県新潟市北区西名目所 4083-6(〒950-3122)
電話　025-259-4293　　FAX　025-258-2801
印刷所　株式会社　ルナテック

ISBN978-4-86354-233-4　C0043